W0258125

Meßgeräte und Schaltungen zum

Parallelschalten von Wechselstrom-Maschinen

Von

Werner Skirl
Oberingenieur

Mit 99 Textfiguren

Springer-Verlag Berlin Heidelberg GmbH

1921

Copyright 1921 by Springer-Verlag Berlin Heidelberg
Ursprünglich erschienen bei Julius Springer in Berlin 1921.
Softcover reprint of the hardcover 1st edition 1921

ISBN 978-3-662-23296-5   ISBN 978-3-662-25329-8 (eBook)
DOI 10.1007/978-3-662-25329-8

Vorwort.

Die vorliegende Arbeit schließt sich in der Behandlungsweise
des Stoffes eng an das von mir herausgegebene Buch „Meßgeräte
und Schaltungen für Wechselstrom-Leistungsmessungen" an. Sie
ist ebenfalls unmittelbar auf die Bedürfnisse der Praxis zu-
geschnitten und wird daher dem ausführenden Ingenieur besonders willkommen sein. Aber auch der Studierende wird das Buch
mit Vorteil bei der Ausarbeitung von Projekten benutzen können,
da er in ihm die Schaltungen so findet, wie sie tatsächlich in der
Praxis ausgeführt werden können.

Da über die theoretischen Verhältnisse beim Parallelschalten
von synchronen Wechselstrommaschinen in der Literatur bereits
genügend Material vorhanden ist, schien es nicht angebracht,
hier näher auf diese einzugehen. Es sei in dieser Hinsicht auf das
vorzügliche „Lehrbuch der Elektrotechnik" von Prof. Dr. A. Thomälen hingewiesen. Auf die Entwickelungen dieses Lehrbuches
aufbauend, beginnt das vorliegende Buch unmittelbar mit
der Betrachtung der Vorgänge, wie sie beim Parallelschalten
der Maschinen tatsächlich auftreten. Um das Verständnis zu
erleichtern, werden hierbei zunächst die bei Gleichstrommaschinen
auftretenden Erscheinungen beschrieben, so daß hierdurch ein
einfacher Übergang zu den schwierigeren Verhältnissen bei
Wechselstrom geschaffen wird. Im zweiten Abschnitt sind die
Ausführungsmöglichkeiten der Parallelschaltung angegeben und
miteinander kritisch verglichen. Hieran schließt sich ein Abschnitt
über die technischen Hilfsmittel zum Parallelschalten an, in dem
die wichtigsten modernen Apparate zum Parallelschalten beschrieben sind. Ältere Apparate sind nur soweit behandelt, als
es zum Verständnis der neueren Einrichtungen erforderlich ist.
Um die richtige Auswahl der Meßgeräte in jedem Falle zu ermöglichen, ist ein besonderer Abschnitt über die Auswahl der
Meßgeräte beigefügt, in dem die Wirkungsweise der Apparate
kritisch betrachtet ist. Im vierten Abschnitt sind dann die vollständigen Schaltungen angegeben. Die Schaltbilder sind nach

den bei den Siemens-Schuckert-Werken geltenden Normen durchgebildet. Neuartig ist die Schaltweise mit dem vom Verfasser angegebenen Umkehrtransformator, der es ermöglicht, die schaltungstechnischen Vorteile der Dunkelschaltung mit den betriebstechnischen Vorteilen der Hellschaltung zu vereinigen. Um bei den vielen Schaltmöglichkeiten einen klaren Überblick zu geben, ist auch hier wieder eine Betrachtung über die Auswahl der passenden Schaltung führend. Im fünften Abschnitt ist eine neue, von Dr. Michalke angegebene Einrichtung zum selbsttätigen Parallelschalten beschrieben. Hieran schließt sich noch ein Abschnitt über die Kontrolle fertiger Schaltungen an. Zum Schlusse ist die elektrische Befehlsübertragung zwischen Schaltbühne und Maschinenraum beschrieben. Da diese Einrichtungen dem Starkstromtechniker weniger bekannt sind, schien eine eingehendere Behandlung dieser Apparate wünschenswert, umsomehr, als hier manche bekannten Schaltungen in einer für den Starkstromtechniker neuen Weise benutzt werden.

Charlottenburg, Mai 1921.   **Werner Skirl.**

Inhalt.

Zeichenerklärung für die Schaltbilder.

	Drehstrom-Generator	$M\,I$ = bereits laufende Maschine $M\,II$ = zuzuschaltende Maschine
	Hauptschalter mit Höchststromauslösung	—
	Trennschalter mit Hilfskontakt	—
	Spannungswandler	$U-V$ = Primärwickelung $u-v$ = Sekundärwickelung $J\,T$ = Isoliertransformator $U\,T$ = Umkehrtransformator
	Meßinstrument	DF = Doppel-Frequenzmesser DV = Doppel-Spannungsmesser NV = Nullspannungsmesser SV = Summenspannungsmesser Syn = Synchronoskop
	Glühlampe	P = Phasenlampe
	Vorschalt- bzw. Ersatzwiderstand	—
	Steckvorrichtung	mit bzw. ohne Stecker
	Schutzerdung	strichpunktierte Linien sind Erdungsleitungen

I. Die elektrischen Vorgänge bei der Parallelschaltung.

a) Bedingungen für das Parallelschalten.

Um das Verständnis der nicht ganz einfachen Verhältnisse beim Parallelschalten von synchronen Wechselstrommaschinen zu erleichtern, werden bei den einleitenden Abschnitten stets zunächst die bei Gleichstrommaschinen auftretenden einfacheren Vorgänge besprochen, so daß hierdurch gewissermaßen eine Brücke zu den schwierigeren Verhältnissen bei Wechselstrom geschaffen wird.

Soll eine Gleichstrom - Nebenschlußmaschine zu einer anderen bereits im Betriebe befindlichen Maschine parallel geschaltet werden, so bringt man sie zunächst auf ihre normale Tourenzahl und erregt sie dann. Ist ihre Spannung vollkommen gleich der Spannung der bereits auf das Netz arbeitenden Maschine, so legt man die Schalter ein. Da die beiden parallelgeschalteten Maschinen mit den gleichen Polen aneinander geschaltet, also elektrisch gegeneinander geschaltet sind, heben sich ihre Spannungen auf. Die hinzugeschaltete Maschine läuft daher zunächst leer am Netz.

Bei parallelzuschaltenden Wechselstrommaschinen muß zunächst die Frequenz, dann die Größe und endlich die Phase der Spannungen übereinstimmen. Die Frequenz ist unmittelbar von der Tourenzahl abhängig. Die neu hinzuzuschaltende Maschine muß daher eine ganz genau bestimmte, der jeweiligen Frequenz entsprechende Tourenzahl haben. Zu dieser Bedingung, die an sich mechanisch schwer durchführbar ist, da es sich um eine absolut genaue Übereinstimmung der Geschwindigkeiten handelt, kommen noch die, daß die Effektivspannungen genau die gleiche Größe haben und daß außerdem die Spannungskurven in Phase sind, d. h., daß auch die Momentanwerte der Spannungen genau die gleiche Größe und den gleichen Änderungssinn haben. Sind diese Bedingungen erfüllt, so kann man die Schalter schließen und damit die Maschine mit dem Netz verbinden. Die neu hinzugeschaltete Maschine läuft dann ebenso wie die Gleichstrommaschine leer am Netz, da sich die Momentanwerte der Spannung in jedem Augenblick gegenseitig aufheben.

b) Die Ausgleichströme und ihre Wirkungen.

Wenn man eine Gleichstrommaschine parallel zu einer anderen geschaltet hat, läuft sie zunächst leer am Netz, solange ihre Tourenzahl und ihre Erregung unverändert bleibt. Wächst durch einen Zufall die Tourenzahl der Antriebsmaschine, so steigert sich mit dieser die Elektromotorische Kraft der von ihr angetriebenen Gleichstrommaschine und es fließt ein Strom, der die voreilende Maschine als Generator belastet und die zurückbleibende als Motor antreibt. Die Folge hiervon ist, daß die voreilende Maschine infolge ihrer Belastung etwas zurückbleibt und die zurückbleibende Maschine infolge ihrer Entlastung etwas voreilt, bis die Verschiedenheit ausgeglichen ist. Bleibt die zugeschaltete Maschine andererseits etwas zurück, so empfängt sie von der bereits laufenden Maschine einen Strom, der sie motorisch beschleunigt. Man nennt diesen von Maschine zu Maschine gehenden Strom den Ausgleichstrom, da er die Verschiedenheiten der beiden parallelgeschalteten Maschinen ausgleicht.

Eine Wechselstrommaschine läuft nach dem Parallelschalten zunächst ebenfalls leer am Netz. Es fragt sich nun aber, wie es möglich ist, daß die im Augenblick des Parallelschaltens vorhandene Übereinstimmung der Maschinen in Tourenzahl und Phase dauernd aufrecht erhalten bleibt. Die Verhältnisse bei Gleichstrom lassen die richtige Vermutung aufkommen, daß auch hier wieder Ausgleichströme fließen, die die Maschinen im Tritt halten. Tatsächlich verursacht auch bei einer Wechselstrommaschine eine mechanische Voreilung des Ankers den Ausgleichrom, der die Maschine als Generator belastet, während beim ückbleiben des Ankers ein Ausgleichstrom auftritt, der die hine als Motor antreibt. Diese Ausgleichströme können aber uer Wechselstrommaschine naturgemäß nicht durch eine änderung verursacht werden, da diese zur Folge haben laß die Maschinen vollkommen aus dem Tritt fallen. Die he Voreilung bzw. das Zurückbleiben des Ankers kann er Wechselstrommaschine vielmehr nur innerhalb einer

Polteilung abspielen. Nehmen wir an, daß eine Maschine das Bestreben hat, der anderen etwas vorauszueilen, so werden ihre Ankerdrähte innerhalb der Polteilung relativ zu den Magnetpolen schon etwas weiter nach vorn verschoben sein, als dies bei den übrigen Maschinen der Fall ist. Dies ist aber gleichbedeutend mit einer Voreilung der Phase der zugeschalteten Maschine. In ähnlicher Weise wird ein Zurückbleiben des Ankers ein Zurückbleiben der erzeugten Spannungsphase bedeuten. Je nach dem Sinn dieser Phasenverschiedenheit wird der Ausgleichstrom in dem einen oder dem anderen Sinne fließen. Im Augenblick des Parallelschaltens werden diese durch Phasendifferenz entstehenden Ausgleichströme momentan entstehen und den Anker der zugeschalteten Maschine mit einem Ruck in die richtige Stellung vor den Polen drehen. Nachdem dieser Zustand erreicht ist, hören diese Ausgleichströme sofort auf. Sie sind demnach im wesentlichen momentane Stromstöße, aber als solche besonders gefährlich, da sie die Maschinen und ihre Wickelungen mechanisch stark beanspruchen.

Außer durch Phasenverschiedenheiten können auch durch verschiedene Größe der Spannungen der zuzuschaltenden und der bereits laufenden Maschine Ausgleichströme entstehen. Die durch Spannungsdifferenzen verursachten Ausgleichströme sind aber ihrer Natur nach wattlos. Sie wirken, wie aus dem folgenden Abschnitt hervorgeht, nicht unmittelbar auf die Maschinen zurück, sondern stellen lediglich eine, wenn auch unerwünschte Strombelastung der Maschinenwickelungen und Schalterkontakte dar. Diese wattlosen Ausgleichströme fließen dauernd, so lange die Erregung nicht geändert wird. Sie sind ungefährlich, wenn die Spannungsverschiedenheiten nicht allzu groß sind und können stets durch entsprechende Einstellung der Erregung der Maschinen in kleinen Grenzen gehalten bzw. zum Verschwinden gebracht werden, ohne daß hierdurch das Zusammenarbeiten der Maschinen beeinflußt wird.

Nach dem Vorhergehenden kann man die Ausgleichströme bei Wechselstrommaschinen niemals an sich allein betrachten; man muß vielmehr stets beachten, wodurch diese Ströme verursacht sind. Die für das Parallelarbeiten der Maschinen unbedingt notwendige synchronisierende Kraft, die die Maschinen im Tritt hält, wird lediglich durch die durch Phasenverschiedenheiten verursachten Ausgleichströme gegeben, während die durch Spannungsdifferenzen verursachten Ausgleichströme stets eine untergeordnete Bedeutung haben, zumal da sie sich durch einfache Einstellung und Messung der Spannung vermeiden lassen. Um die durch Phasenverschiedenheiten verursachten Ausgleichströme in zulässigen Grenzen zu halten, ist es erforderlich, die Phasenverschiedenheiten vor dem Parallelschalten genau zu messen. Geschieht dies nicht, so läuft man Gefahr, daß die Ausgleichströme eine derartige Größe annehmen, daß sie den Betrieb stören und die Maschinen beschädigen.

c) Das Belasten der parallelgeschalteten Maschine.

Um die Gleichstrommaschine, die nach erfolgter Parallelschaltung zunächst leer am Netz läuft, zu belasten, verstärkt man ihre Erregung und damit ihre Elektromotorische Kraft, so daß diese die Spannung der bereits im Betriebe befindlichen Maschine überwiegt. Infolgedessen liefert die neu hinzugekommene Maschine einen Strom, d. h. sie wird belastet. Die bisher der Gleichstrommaschine zugeführte mechanische Leistung reicht dann nicht mehr aus. Die antreibende Dampfmaschine wird daher verzögert werden und das Gewicht ihres Regulators wird heruntersinken. Hierdurch wird die Dampfzufuhr und damit die mechanische Leistung der Dampfmaschine vergrößert, bis die zugeführte mechanische Leistung wieder gleich der verbrauchten elektrischen Leistung ist. Bei der parallelgeschalteten Nebenschlußmaschine wird also die Belastung durch die Erregung verändert. Die Gleichstrommaschine wirkt hierbei auf die Dampfmaschine derart zurück, daß sich die Tourenzahl und die zugeführte mechanische Leistung nach der geforderten elektrischen Leistung ändert, d. h. die Dampfmaschine gibt das her, was die Gleichstrommaschine fordert.

Bei Wechselstrom liegen die Verhältnisse ganz anders. Würde man hier nach erfolgter· Parallelschaltung die Erregung der neu hinzugeschalteten Maschine vergrößern, so würde die Maschine wohl einen Strom liefern, aber ein Blick auf den Leistungsmesser zeigt uns, daß die Maschine keine Leistung übernimmt. Der gelieferte Strom ist demnach wattlos. Man kommt, wenn man die Verhältnisse vom rein mechanischen Standpunkt aus übersieht, zum selben Schlusse. Die von der Dampfmaschine

gelieferte Leistung hängt lediglich von der Dampfzufuhr, d. h.
von der jeweiligen Stellung des Regulatorgewichts, also von der
Tourenzahl der Dampfmaschine ab. Da aber die Tourenzahl
durch die elektrischen Bedingungen vollkommen festgelegt ist
und sich daher nicht ändern kann, bleibt das Regulatorgewicht
dauernd in derselben Stellung. Wie man auch die Erregung
ändert, die Dampfmaschine liefert immer nur die Leerlaufsarbeit.
Hieraus folgt, daß bei einer parallelgeschalteten Wechselstrommaschine die Belastung nicht von der elektrischen Seite her
erfolgen kann, sie muß vielmehr von der antreibenden Dampfmaschine aus eingestellt werden. Die Einstellung der Leistung
der Dampfmaschine erfolgt durch eine Verstellung des Regulatorgewichts. Durch eine Vergrößerung des Regulatorgewichts erreicht
man, daß die Dampfmaschine bei derselben durch die Periodenzahl
des Netzes ihr aufgezwungenen Tourenzahl eine größere Menge
Dampf erhält. Die Vermehrung des Dampfzutrittes hat eine
mechanische Voreilung des Ankers der Wechselstrommaschine
zur Folge, die ihrerseits einer elektrischen Belastung des Ankers
entspricht. Die elektrische Leistung einer parallelgeschalteten
Wechselstrommaschine kann also nur durch Änderung der zu-
geführten mechanischen Leistung verändert werden, d. h. die
Wechselstrommachine kann nur das hergeben, was ihr von der
Dampfmaschine bei der jeweiligen Regulatorstellung zugeführt
wird.

Für das Parallelschalten von Wechselstrommaschinen haben
diese Verhältnisse insofern Bedeutung, als es von ihnen abhängt,
ob die hinzugeschaltete Maschine unmittelbar nach dem Parallelschalten als Generator Last übernimmt, oder als Motor vom
Netz angetrieben wird. Ist nämlich die Frequenz der parallelzuschaltenden Maschine etwas höher als die des Netzes, so wird
die Maschine sofort nach dem Parallelschalten bestrebt sein, die
frühere, etwas höhere Tourenzahl beizubehalten. Sie kann dies
nicht, da sie durch die Ausgleichströme im Tritt gehalten wird.
Immerhin aber wird ihr Anker infolge der überschüssigen An-
triebskraft innerhalb der Polteilung nach vorn verschoben. Diese
Voreilung entspricht aber nach dem Vorausgegangenen einer
elektrischen Belastung des Ankers als Generator, d. h. mit anderen
Worten, eine parallelgeschaltete Wechselstrommaschine nimmt
sofort nach dem Einschalten Last auf, wenn sie bei einer etwas

zu hohen Frequenz parallelgeschaltet wird. Diese Belastung bleibt dauernd bestehen, solange die Regulatorstellung der Antriebsmaschine nicht geändert wird. In analoger Weise wird dann, wenn eine Maschine bei zu kleiner Frequenz eingeschaltet wird, ihr Anker hinter der normalen Stellung zurückbleiben. Dies bedeutet aber, daß die Maschine als Motor läuft und vom Netz aus angetrieben wird. Auch dieser Zustand ist dauernd, bis der Regulator der Antriebsmaschine entsprechend verstellt wird. Da meistens die bereits im Betriebe befindlichen Maschinen schon stark belastet sind, ehe man eine neue Maschine in Betrieb nimmt, wird man eine weitere Belastung des Netzes durch die zugeschaltete Maschine gern vermeiden. Man schaltet vielmehr, wenn es die Betriebsverhältnisse ermöglichen, stets bei etwas übersynchronem Gang, also bei etwas zu hoher Frequenz, ein.

II. Die Ausführungsmöglichkeiten der Parallelschaltung.

a) Dunkelschaltung.

Wir hatten im vorhergehenden Abschnitt gesehen, daß bei einer parallel zu schaltenden Wechselstrommaschine außer der Spannung noch die Frequenz und die Phase genau mit den entsprechenden Größen der bereits im Betriebe befindlichen Maschine übereinstimmen müssen. Um eine Maschine neu in Betrieb zu nehmen, wird man sie annähernd auf die richtige Tourenzahl bzw. Frequenz bringen, dann erregt man die Maschine so, daß

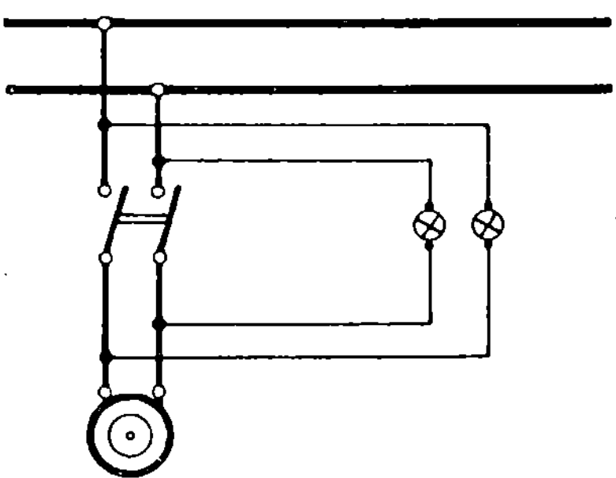

Fig. 1.

ihre effektive Spannung gleich der Netzspannung ist. Die Einstellung auf gleiche Phasen bietet zunächst einige Schwierigkeiten, aber man kommt durch eine einfache Überlegung rasch zum Ziel. Man kann stets ganz unabhängig von den sonstigen Schaltungsverhältnissen zwei beliebige Punkte miteinander verbinden, wenn sie genau das gleiche Potential haben. Man kann daher die Hauptschalter (vgl. Fig. 1), die die neue Maschine mit dem Netz verbinden, ohne weiteres einlegen, wenn zwischen den

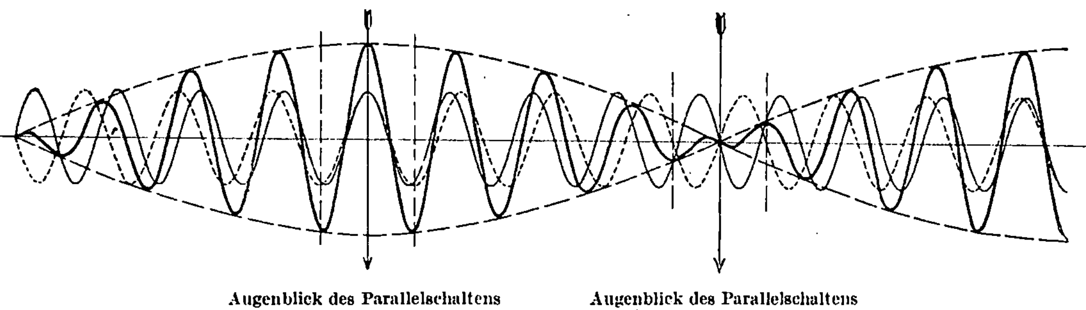

Fig. 2. Graphische Darstellung der Vorgänge beim
Parallelschalten.

——— Netzspannung
· · · Spannung der zuzuschaltenden
Maschine

——— Summenspannung von Netz
und Maschine
— — — Schwebungskurve.

Kontakten der Schalter keine Spannungen vorhanden sind. Das einfachste Mittel, um das Vorhandensein einer Spannung zu erkennen, ist eine Glühlampe. Man schaltet also an die Kontakte der Schalter je eine für die Netzspannung bemessene Glühlampe. Leuchten die Lampen auf, so besteht zwischen den Kontakten des Schalters eine Spannung und man darf demgemäß nicht einschalten. Verlöschen die Glühlampen, so ist zwischen den Schalterkontakten keine oder nur eine sehr kleine Spannung vorhanden. Man könnte daher in diesem Falle die Schalter einlegen. Wenn man diese Schaltung tatsächlich ausführt, so zeigt sich, daß die Lampen periodisch aufleuchten und verlöschen. Je mehr die Frequenz der in Betrieb zu nehmenden Maschine mit der des Netzes übereinstimmt, in um so größeren Zeiträumen leuchten die Lampen auf und verlöschen. Ein dauerndes Verlöschen der Lampen läßt sich praktisch nicht erreichen, da dies voraussetzen würde, daß die Frequenzen vom Zeitpunkt des Verlöschens der Lampen an mathematisch genau gleich bleiben. Man muß sich daher begnügen, wenn die Lampen in größeren Zeiträumen aufleuchten und verlöschen. Man legt die Schalter dann in einem Zeitpunkt ein, in dem die Lampen dunkel sind. Die bei dieser Phasenabgleichung auftretenden elektrischen Vorgänge gehen aus dem Kurvenbild auf S. 8 hervor. Die ausgezogene Sinuskurve ist die Spannungskurve des Netzes, die gestrichelte Kurve ist die Spannungskurve des hinzuzuschaltenden Generators. Die beiden Kurven unterscheiden sich entsprechend den nicht genau übereinstimmenden Tourenzahlen der Generatoren nur durch geringe Frequenzabweichungen. Infolge dieser Frequenzabweichungen ändert sich dauernd die Phasenverschiebung zwischen der Generatorspannung und der Netzspannung und demgemäß auch die Summe dieser beiden Spannungen. Die resultierende Summenkurve ist stark ausgezeichnet. Diese Kurve zeigt Interferenzerscheinungen ähnlich den Schwebungen, die bei annähernd gleichen Wellenlängen in der Optik und Akustik auftreten. Der Augenblick des Parallelschaltens ist dann gekommen, wenn die Netzspannung und die Spannung der hinzuzuschaltenden Maschine einander gerade entgegengesetzt und gleich groß sind, so daß sie einander aufheben. Dies ist der Augenblick, in dem die Lampen verlöschen und in dem der Schalter eingelegt werden muß. Ist der Schalter eingelegt, so setzen sofort die Ausgleichströme ein, die die Maschinen auf absolut gleiche Periodenzahl bringen und dauernd auf dieser erhalten.

Bei Drehstrom kann man die Schaltung in gleicher Weise ausführen, wenn man die dritte Phase vollkommen unberücksichtigt läßt und die Phasenvergleichung nur an den Schalterkontakten der ersten beiden Phasen ausführt. Die hierzu erforderlichen Glühlampen sind wieder für die Netzspannung zu bemessen. Bei der Anwendung dieser Schaltung muß allerdings die Voraussetzung gemacht werden, daß die Phasenfolge auf beiden Seiten des Schalters die gleiche ist. Will man sich von dieser Voraussetzung freimachen, so führt man die Schaltung symmetrisch für alle drei Phasen durch, wie es das nachstehende Schaltbild

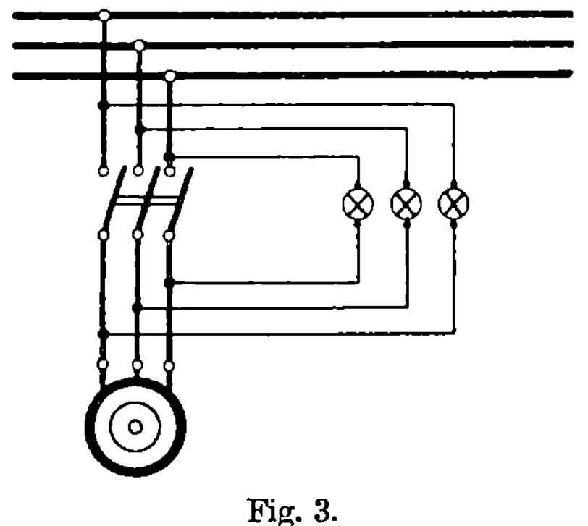

Fig. 3.

zeigt. In diesem Falle sind drei Lampen erforderlich. Ist die Phasenfolge vor und hinter dem Schalter die gleiche, so leuchten alle drei Lampen gleichzeitig periodisch auf und verlöschen dann wieder. Bei Phasengleichheit bleiben alle drei Lampen dunkel. Die an diesen Lampen auftretende Höchstspannung ist gleich der doppelten Sternspannung, also das 1,15fache der Netzspannung.

b) Hellschaltung.

Man kann die zur Phasenabgleichung benutzten Glühlampen auch gemäß der folgenden Abbildung schalten. In diesem Falle wird, wie sich aus dem einfachen Verfolgen des Stromlaufes unter Beachtung der natürlich nur momentan geltenden Vorzeichen ergibt, die Spannung des hinzuzuschaltenden Generators über die Glühlampen hinweg in Reihe mit der Netzspannung geschaltet. Die Schaltung der Hauptleitung wird natürlich hierdurch nicht geändert, so daß in bezug auf diese nach wie vor Generator und Netz gegeneinander geschaltet sind. Wenn jetzt die Spannung zwischen den Schalterkontakten gleich Null ist, weil sich die gegeneinander geschalteten Spannungen aufheben, so wird im Kreise der Phasenlampen die volle Spannung auftreten, da sich in diesem Kreise die Spannung des Generators zu der Netzspannung addiert; mit anderen Worten, bei dieser Schaltung werden die Glühlampen im Moment der Phasengleichheit mit der vollen Netzspannung brennen. Man nennt daher diese Schaltung im

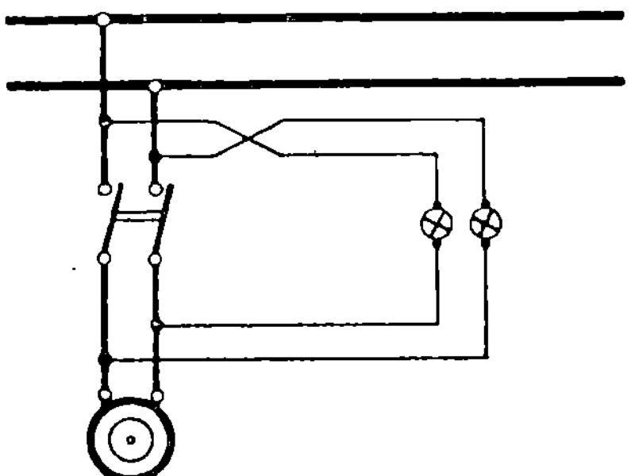

Fig. 4.

Gegensatz zu der vorher beschriebenen Schaltung die Hellschaltung, da der Schalter dann eingelegt wird, wenn die Lampen mit voller Lichtstärke brennen. Die hierbei auftretenden elek·trischen Verhältnisse ergeben sich ebenfalls aus dem Kurvenbild auf S. 8.

Bei Drehstrom kann man die Hellschaltung in gleicher Weise ausführen, indem man die dritte Phase vollkommen unberücksichtigt läßt und die Phasenvergleichung nur an den Schalterkontakten der ersten beiden Phasen mit überkreuzten Lampenleitungen ausführt. An den Phasenlampen tritt hierbei wiederum die Netzspannung auf und es muß ebenso wie bei der Dunkelschaltung die Voraussetzung gemacht werden, daß die Phasenfolge vor und hinter dem Schalter die gleiche ist. Will man sich von dieser Voraussetzung unabhängig machen, so führt man die Schaltung mit drei Lampen aus, deren Anschlüsse zyklisch vertauscht sind. Die Lampen werden dann bei Phasengleichheit alle drei zu gleicher Zeit aufleuchten. Die an den Lampen auftretende Höchstspannung ist hierbei gleich der doppelten Sternspannung, also das 1,15fache

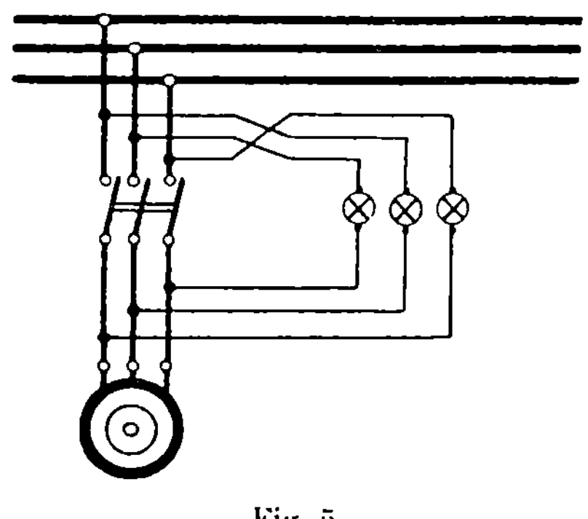

Fig. 5.

der Netzspannung. Außer dieser Schaltung ist noch eine Mischschaltung möglich, bei der die Lampen nicht gleichzeitig, sondern nacheinander aufleuchten. Diese Schaltung ist auf S. 23 bei der Besprechung des Lampenapparates ausführlich beschrieben.

c) Vergleich der beiden Schaltungsarten.

Rein theoretische Überlegungen führen zu dem Schlusse, daß die Dunkelschaltung einen exakteren Vergleich zuläßt als die Hellschaltung, da die Änderungsgeschwindigkeit der resultierenden Spannung, die durch die gestrichelte Schwebungskurve auf S. 8 dargestellt wird, bei der Dunkelschaltung im Augenblick des Parallelschaltens wesentlich größer ist. Eine geringfügige Abweichung von der Phase wird daher bei der Dunkelschaltung eine größere Änderung der resultierenden Spannung zur Folge haben als bei der Hellschaltung. In der Praxis werden jedoch die Verhältnisse durch die beim Parallelschalten auftretenden Nebenumstände wesentlich geändert. Die den theoretischen Erwägungen zugrunde gelegten Schwebungskurven gelten nur für den Fall, daß die beiden zu vergleichenden Spannungen vollkommen gleich groß sind. Tatsächlich wird diese Bedingung aber meistens nicht genau erfüllt sein, da sich die Spannungen mit der zu regelnden Frequenz ändern. Geringfügige Größenabweichungen der beiden Spannungen voneinander beeinflussen aber die Dunkelschaltung viel mehr als die Hellschaltung, da die Differenz zweier nahezu gleich großer Größen bei Änderung einer der beiden Größen prozentual viel rascher zunimmt als die Summe. Die resultierende Spannung wird daher bei der Dunkelschaltung unter Umständen gar nicht auf den Wert Null zurückgehen, so daß man überhaupt nicht zum Parallelschalten kommt. Aber auch bei vollkommener Gleichheit der Spannungen wird das Parallelschalten bei Dunkelschaltung, namentlich bei unruhig laufenden Maschinen, wesentlich größere Schwierigkeiten machen, da der Nulldurchgang der Schwebungskurve viel rascher erfolgt als der Durchgang durch den Höchstwert. Den langsam erfolgenden Durchgang durch den Höchstwert kann man daher viel leichter verfolgen.

Meßtechnisch ist die Dunkelschaltung insofern im Nachteil, als alle Anzeigeapparate, also sowohl die Lampen als auch die Spannungsmesser in der Nähe der Spannung Null besonders unempfindlich sind, während sie in der Nähe der Höchstspannung besonders genau anzeigen. Diese Eigentümlichkeit der Spannungsanzeigeapparate führt daher eher zu dem Schlusse, daß die Hellschaltung vorzuziehen sei, da nicht die Größenverhältnisse, sondern die Meßmöglichkeiten der vorkommenden Spannungen für die praktische Anwendung einer Schaltung ausschlaggebend sein müssen. Man hat diesen meßtechnischen Nachteil der Dunkelschaltung in der neuesten Zeit dadurch zu beseitigen gesucht, daß man die Nullspannungsmesser so ausführt, daß sie gerade in der Nähe des Nullpunktes eine besonders große Empfindlichkeit aufweisen (vgl. S. 31).

Hinsichtlich der Betriebssicherheit ist die Hellschaltung der Dunkelschaltung unbedingt überlegen, da die bei der Hellschaltung auftretende, in den Meßgeräten wirksame Summenspannung eben nur bei tatsächlichem Vorhandensein der beiden Teilspannungen auftreten kann, während die bei der Dunkelschaltung maßgebende Spannung Null auch durch eine Störung, z. B. durch Drahtbruch in der Lampe oder im Spannungsmesser, vorgetäuscht werden kann. Eine Störung in der Meßeinrichtung wird daher bei der Dunkelschaltung leicht zu einer Fehlschaltung Anlaß geben.

Schaltungstechnisch ist die Dunkelschaltung hinsichtlich ihrer Einfachheit und Übersichtlichkeit der Hellschaltung überlegen. Bei der Dunkelschaltung entstehen alle Schaltungen durch einfaches Vergleichen von Punkten gleichen Potentials, während bei der Hellschaltung stets Vertauschungen, also Leitungsüberkreuzungen, erforderlich sind, die die Übersichtlichkeit der Schaltung erschweren und die wahlweise Vergleichung von mehr als zwei Spannungen unmöglich machen. Hierzu kommt noch der Umstand, daß sich bei den indirekten Schaltungen mit Meßwandlern infolge der durch die Leitungsüberkreuzungen bedingten Polvertauschungen eine einwandfreie Erdung der Meßwandler nicht durchführen läßt.

Die vorstehenden Erwägungen führen zu dem Schlusse, daß meßtechnisch die Hellschaltung und die Dunkelschaltung bei Verwendung entsprechender Meßinstrumente annähernd gleichwertig sind. Jedenfalls dürften die Vorteile der einen oder der anderen Schaltungsart nicht so ausschlaggebend sein, daß sie für die Wahl bestimmend sind. Hinsichtlich der Betriebssicherheit gebührt dagegen der Hellschaltung unbedingt der Vorzug, um so mehr als von der Betriebssicherheit der Parallelschalteinrichtung das Wohl und Wehe des Kraftwerkes abhängt. Schaltungstechnisch gebührt hingegen wiederum der Dunkelschaltung der Vorzug, da diese eine für alle Maschinen vollkommen gleichartige Schaltung und eine einwandfreie Erdung der Meßwandler ermöglicht. Dieser letztgenannte Umstand hat, da gerade die Erdung durch die Sicherheitsvorschriften des Verbandes deutscher Elektrotechniker verlangt wird, bisher dazu geführt, daß die Dunkelschaltung in den meisten Fällen, wenigstens auf dem Festlande, angewendet wird. Durch eine neue, vom Verfasser angegebene Schaltung sind die schaltungstechnischen Schwierigkeiten, die zu dieser Wahl führten, beseitigt. Diese neue, auf S. 78 angegebene Schaltung ermöglicht es, die schaltungstechnischen Vorteile der Dunkelschaltung mit den betriebstechnischen Vorteilen der Hellschaltung zu vereinigen. Bei dieser Schaltung werden die parallel zu schaltenden Maschinen stets entsprechend der Dunkelschaltung gleichpolig verbunden, ganz unabhängig davon, ob die Meßgeräte in Dunkel- oder Hellschaltung arbeiten sollen. Die Meßgeräte werden dann je nach Bedarf in Dunkel- oder Hellschaltung angeschlossen, ja man kann hierbei sogar beide Schaltungsarten zu einer

gemischten Schaltung verbinden, indem man einen Teil der Meßgeräte in Dunkelschaltung und einen anderen in Hellschaltung
arbeiten läßt. In jedem Falle wird durch die neue Schaltung
die Betriebssicherheit der Parallelschalteinrichtung gegenüber der
reinen Dunkelschaltung wesentlich vergrößert, ganz abgesehen
von den Vorteilen, die daraus erwachsen, daß man durch die
festliegende Maschinenschaltung nicht an eine bestimmte Schaltung der Apparate gebunden ist. Man kann daher bei schwierigen
Betriebsverhältnissen gegebenenfalls die verschiedenen Meßgeräte
gleichzeitig ausprobieren und sich auf diese Weise eine allen Anforderungen entsprechende Parallelschalteinrichtung zusammen-
stellen.

Fig. 6.

A = Einstellvorrichtung. B = Umschalter.

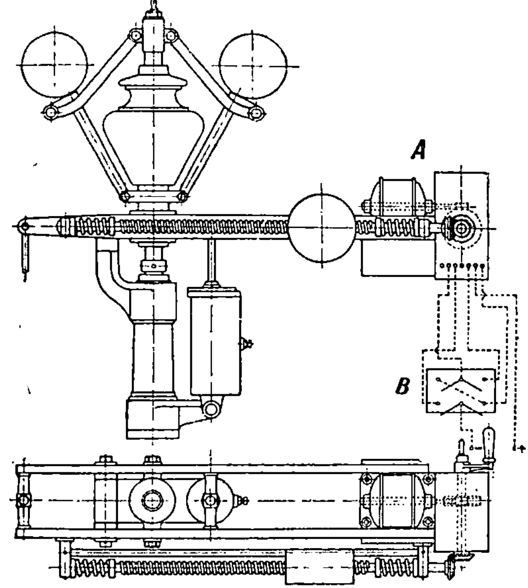

Fig. 7.

Elektrische Einstellvorrichtung für den Regulator
der Antriebsmaschine.

III. Die technischen Hilfsmittel zum Parallelschalten.

a) Elektrische Einstellvorrichtung für den Regulator der Antriebsmaschine.

Die elektrische Einstellvorrichtung ermöglicht es, die Regulatoreinstellung und damit die Leistung einer Antriebsmaschine von der Schalttafel aus zu verändern. Eine solche Ferneinstellung ist bei den Antriebsmaschinen von Wechselstromgeneratoren unumgänglich notwendig, da die Leistung einer parallel geschalteten Wechselstrommaschine nur von der Antriebsseite aus geregelt werden kann. Die Vorrichtung dient demgemäß nach erfolgtem Parallelschalten dazu, die zugeschaltete Maschine zu belasten oder eine etwa abzuschaltende Maschine vor dem Abschalten zu entlasten. Aber auch für den Vorgang des Parallelschaltens ist diese Vorrichtung sehr zweckdienlich, da sich mit ihr die Drehzahl und mit dieser auch die Frequenz der zuzuschaltenden Maschine von der Schalttafel aus sehr genau auf die Netzfrequenz einstellen läßt.

Die von den Siemens-Schuckert-Werken gebaute Einstellvorrichtung besteht im wesentlichen aus einem kleinen Elektromotor, der über ein Vorgelege die Einstellspindel des Regulators antreibt und auf diese Weise das Regulatorgewicht verschiebt. Um es hierbei zu verhindern, daß die Einstellvorrichtung des Kraftmaschinenregulators etwa über ihre Endstellung hinaus bewegt wird, ist an dem Vorgelege ein Endausschalter angebracht, der den Elektromotor selbsttätig in der Endstellung ausschaltet. In der nebenstehenden Fig. 6 ist der Zusammenbau der Vorrichtung mit dem Regulator gezeigt. An der Schalttafel, von der aus die Ferneinstellung erfolgen soll, wird lediglich ein Hebelumschalter angebracht, durch den der Motor der Einstellvorrichtung in der einen oder anderen Richtung eingeschaltet wird, je nachdem, ob die Leistung der Kraftmaschine vergrößert oder verkleinert werden soll. Der Umschalter ist so eingerichtet, daß er beim Loslassen selbsttätig in die Ausschaltstellung zurückkehrt.

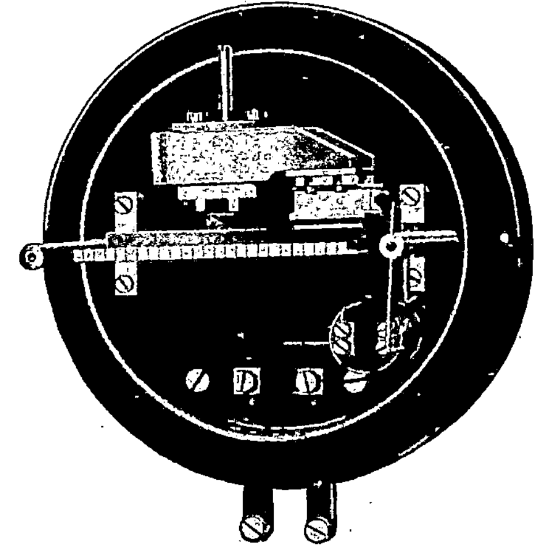

Fig. 8. Innerer Aufbau eines Zungenfrequenzmessers der Siemens & Halske A.-G.

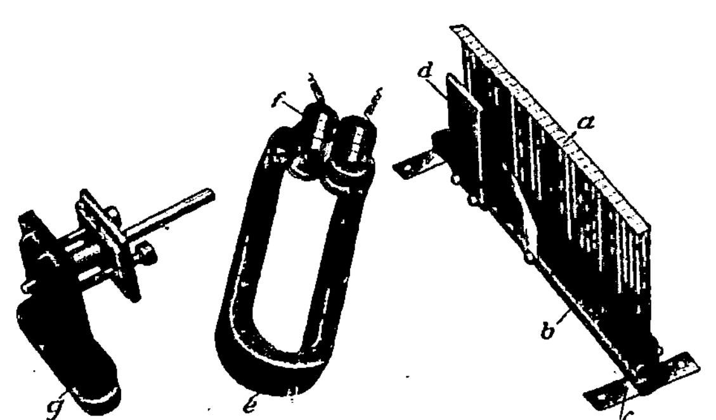

Fig. 9. Einzelteile des obigen Meßsystems: *a*) Stahlzungen, *b*) gemeinsamer Zungenkamm, *c*) Einspannfeder, *d*) Anker, *e*) Dauermagnet, *f*) Elektromagnetspulen, *g*) Magnetträger.

b) Doppelfrequenzmesser.

Nachdem die Antriebsmaschine in Betrieb gesetzt ist, wird mittels der vorherbeschriebenen Einstellvorrichtung die Frequenz des zuzuschaltenden Generators genau eingestellt. Zur Messung der Frequenz benutzt man einen elektrischen Frequenzmesser.

Als Meßsystem wird für diese Frequenzmesser meistens das Zungenresonanzsystem verwendet. Dieses besteht aus einer Reihe Federn, sog. Zungen, die auf verschiedene Eigenschwingungszahlen mechanisch abgestimmt sind. Die Zungen stehen unter der Einwirkung eines Elektromagneten. Wird dieser von dem zu untersuchenden Wechselstrom durchflossen, so geraten diejenigen Zungen, deren Eigenschwingungszahl mit der Frequenz der Impulse übereinstimmt, infolge der Resonanzwirkung in sehr heftige Schwingungen, so daß ein deutlich sichtbares Schwingungsbild entsteht. Die übrigen Zungen, deren Eigenschwingungszahl von der Frequenz der Impulse abweicht, schwingen nur ganz leicht mit, so daß sie praktisch in Ruhe erscheinen. Die verschiedenen Bauformen der Frequenzmesser unterscheiden sich durch die Art der Übertragung der Schwingungen des Wechselstromes auf das Zungensystem. Bei den Frequenzmessern der Siemens & Halske A.-G. sind sämtliche Zungen auf einem gemeinsamen, auf Federn gelagerten Steg, dem Zungenkamm, befestigt, wie es die nebenstehende Fig. 9 zeigt. Der Zungenkamm trägt einen Anker, der einem feststehenden Elektromagneten gegenübersteht. Bei Erregung des Elektromagneten werden daher die elektrischen Schwingungen zunächst auf den Zungenkamm und von diesem auf die Federn übertragen. Bei den Frequenzmessern der Firma Hartmann & Braun werden dagegen die Zungen unmittelbar elektrisch erregt. Sie werden auf einer festen Unterlage angebracht und durch einen längs der ganzen Zungenreihe verlaufenden Elektromagneten in Schwingungen versetzt. Das Schwingungsbild ist bei beiden Bauformen das gleiche.

Um die Frequenz der zuzuschaltenden Maschine bequem mit der Netzfrequenz vergleichen zu können, vereinigt man zweckmäßig einen Netzfrequenzmesser mit einem Maschinenfrequenzmesser zu einem Doppelfrequenzmesser. Bei diesem liegen die beiden Skalen dicht übereinander, wie es die Figuren auf S. 42 und 44 zeigen. Entsprechend dem Vorgang beim Parallelschalten wird das Schwingungsbild der zuzuschaltenden Maschine auf der

Fig. 10. Innerer Aufbau eines Spannungsmessers mit
Dreheisensystem, Bauart Siemens & Halske.

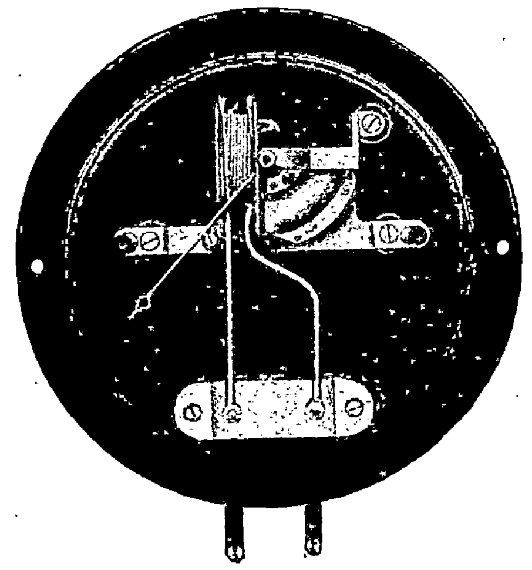

Fig. 11. Einzelteile des obigen Dreheisensystems:
a) Spulenkasten mit Kupferdrahtwickelung, b) beweg-
her Eisenkern, c) Luftdämpfung mit Rohr und
Kolben, d) Systembock mit Skalenträgern.

oberen Skala wandern, während das zur Netzfrequenz gehörige Schwingungsbild auf der unteren Skala feststeht. Die Drehzahl der zuzuschaltenden Maschine wird dann solange geregelt, bis ihr Schwingungsbild genau über dem Schwingungsbild der Netzfrequenz stehen bleibt.

c) Doppelspannungsmesser.

Nachdem die Frequenz der zuzuschaltenden Maschine richtig eingestellt ist, wird auch ihre Spannung auf den der Netzspannung entsprechenden Wert gebracht. Hierzu können die zu den Maschinen gehörigen Maschinenspannungsmesser benutzt werden. Um das Vergleichen der beiden Spannungen zu erleichtern, verwendet man jedoch für das Parallelschalten ein besonderes Instrument, einen Doppelspannungsmesser, bei dem die beiden Skalen dicht nebeneinander liegen.

Als Meßsystem wird für diese Instrumente meistens das Dreheisensystem benutzt. Dieses besteht im wesentlichen aus einem drehbar gelagerten Eisenstückchen und einer vom zu messenden Strome durchflossenen Feldspule. Unter der Einwirkung des in der Feldspule fließenden Stromes wird das Eisenstückchen in den Hohlraum der Spule hineingezogen bzw. in ihm bewegt. Bei den Instrumenten der Firma Siemens & Halske wird ein kleines herzförmiges Eisenstückchen benutzt, das exzentrisch auf der Zeigerachse gelagert ist und in den Hohlraum einer seitlich angeordneten Spule hineingezogen wird (vgl. Fig. 10 auf S. 20). Bei den Instrumenten von Hartmann & Braun, der Allgem. Elektrizitäts-Gesellschaft u. a. wird dagegen eine zur Zeigerachse konzentrische, kreisförmige Spule benutzt, an deren Innenwand noch ein festes Eisenstückchen angebracht ist. Das auf der Zeigerachse sitzende bewegliche Eisenstückchen wird dann in gleichem Sinne magnetisiert wie das feststehende. Es besteht daher eine abstoßende Kraft, deren Größe durch die Formgebung der Eisenstückchen bedingt ist. Als Gegenkraft zur Systemkraft dient meistens eine Spiralfeder.

Um für die beiden Meßsysteme des Doppelspannungsmessers mit nur einer Skala auszukommen, führt die Siemens & Halske A.-G. die Eichung so aus, daß der Nullpunkt und der der Normalspannung entsprechende Teilstrich für beide Systeme übereinstimmen. Die weiteren Teilstriche werden dann als Mittelwerte der zugehörigen Ausschläge der beiden Meßsysteme eingezeichnet. Auf diese Weise wird es erreicht, daß die Angaben der beiden Meßsysteme für die praktisch allein in Frage kommende Normalspannung genau übereinstimmen. Die etwaigen Abweichungen der beiden Systeme voneinander treten nur bei den übrigen, weniger wichtigen Skalenteilen auf und werden überdies durch die Mittelwertseinzeichnung halbiert, so daß auch hier eine praktisch vollkommen ausreichende Meßgenauigkeit erzielt wird. Da der Zeiger für die Netzspannung im normalen Betriebe stets auf einem bestimmten, der normalen Betriebsspannung entsprechendem Werte steht und der Zeiger der hinzuzuschaltenden Maschine auf diesen Wert eingestellt werden soll, wird der Zeiger für die Netzspannung als rote bewegliche Kennmarke ausgebildet (vgl. Fig. 46 auf S. 46). Die zuzuschaltende Maschine wird dann stets so erregt, daß der Zeiger des oberen Meßsystems über dieser Kennmarke einspielt.

d) Phasenlampen.

Nachdem die zuzuschaltende Maschine auf die richtige Frequenz und Spannung gebracht ist, muß noch die Phasengleichheit zwischen Maschine und Netz hergestellt werden. Hierzu können einfache Glühlampen benutzt werden, die man, wie auf S. 7 beschrieben, entweder als Phasenlampen für Dunkelschaltung oder für Hellschaltung schaltet. Für ein exaktes Parallelschalten, namentlich bei größeren Maschinen, reichen jedoch die Phasenlampen wegen der geringen erreichbaren Meßgenauigkeit nicht aus. Bei der Dunkelschaltung verlischt die Phasenlampe, bevor die Spannung wirklich gleich Null wird; bei der Hellschaltung ist zwar das Lichtmaximum leicht erkennbar, jedoch stört hier die Blendwirkung der Lampe. Man verwendet daher die Phasenlampen nicht als selbständige, sondern nur als ergänzende Meßmittel zu anderen, genaueren Meßgeräten. Sie haben dann im wesentlichen den Zweck, durch ihr Aufleuchten bzw. Verlöschen dem Beobachter anzuzeigen, daß die Parallelschalteinrichtung ordnungsgemäß arbeitet.

Um die Blendwirkung der hellaufleuchtenden Lampen zu vermeiden und es von vornherein kenntlich zu machen, ob sie in Hell- oder Dunkelschaltung arbeiten, baut die Siemens & Halske A.-G. die Phasenlampen in Gehäuse mit einer Transparentscheibe ein. Bei Hellschaltung wird die Transparentscheibe so ausgeführt, daß beim Aufleuchten der Lampe das Signal „Achtung" sichtbar wird und den Maschinenwärter darauf aufmerksam macht, daß der Augenblick des Parallelschaltens nahe ist. Bei Dunkelschaltung wird dagegen die Scheibe so eingerichtet. daß beim Aufleuchten der Lampe das Warnungssignal „Nicht schalten" erscheint. Man kann jedoch auch bei Dunkelschaltung an Stelle des unbequemen Warnungssignales ein Achtungssignal erhalten, wenn man den vom Verfasser vorgeschlagenen Umkehrtransformator (vgl. S. 78) verwendet. Man erreicht hierdurch eine wesentlich größere Betriebssicherheit.

e) Lampenapparate.

Zum Parallelschalten von Drehstrommaschinen kann man an Stelle der einfachen Phasenlampen für Hell- und Dunkelschaltung auch eine Mischschaltung benutzen, bei der die Lampen nicht gleichzeitig, sondern nacheinander aufleuchten und verlöschen. Bei entsprechender Anordnung der Lampen erreicht man hierbei ein Wandern des Lichtscheins, das angibt, in welchem Sinne die zuzuschaltende Maschine zu regeln ist.

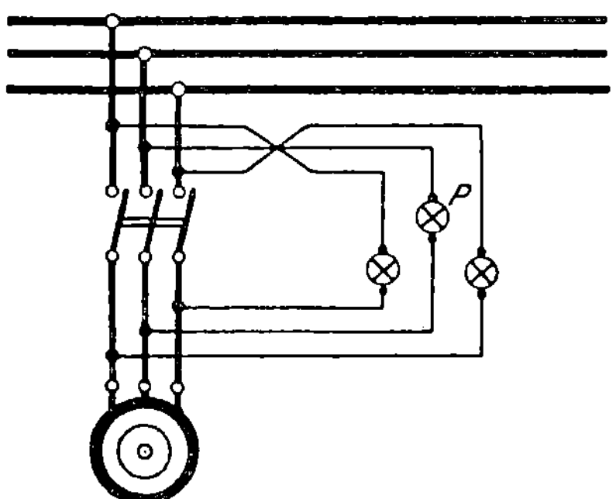

Fig. 12.

Der von Dr. Michalke angegebene, von der Siemens & Halske A.-G. hergestellte Lampenapparat besteht in seiner einfachsten Ausführung aus drei im Dreieck angeordneten Glühlampen, die so angeschlossen sind, daß die eine Lampe P als Phasenlampe

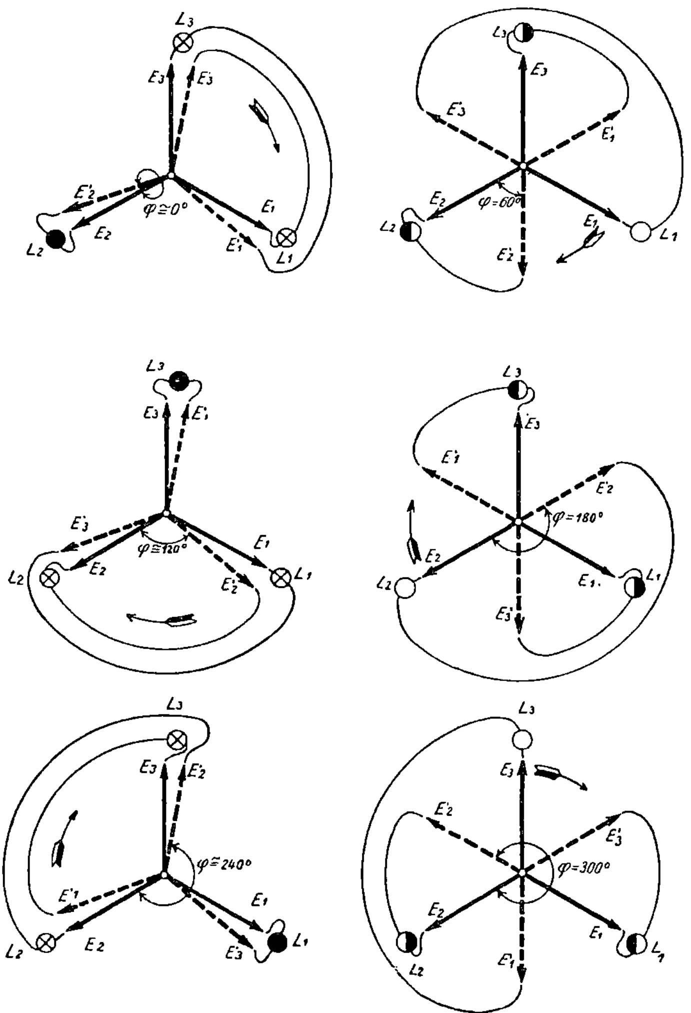

Fig. 13—18.

Darstellung der Spannungs- und Lichtverhältnisse am Drei-Lampen-apparat.

Es bedeutet:

- ● Lampe ist dunkel ($E_l = 0$).
- ◐ zunehmende Lichtstärke ($E_l = E_p = 0{,}58\,E$).
- ⊗ mittlere Helligkeit ($E_l = 1{,}73\,E_p = E$).
- ○ größte Lichtstärke ($E_l = 2\,E_p = 1{,}15\,E$).
- ◑ abnehmende Lichtstärke ($E_l = E_p = 0{,}58\,E$).

für Dunkelschaltung geschaltet ist, während die beiden anderen Lampen in ähnlicher Weise wie die Phasenlampe für Hellschaltung an ungleichnamigen Polen liegen. Die Glühlampen leuchten bei dieser Schaltung nicht gleichzeitig, sondern nacheinander auf. Ihr Verhalten ist aus dem Diagramm auf Seite 24 ersichtlich. In diesem Diagramm stellt der Stern $E_1 E_2 E_3$ die Sternspannungen des Netzes und $E_1' E_2' E_3'$ die entsprechenden Sternspannungen der zuzuschaltenden Maschine dar. Die Phasenverschiebung zwischen diesen beiden Spannungssystemen ist durch den Winkel φ bezeichnet. Um eine leichte Übersichtlichkeit zu erzielen, sind die Phasenlampen $L_1 L_2 L_3$ unmittelbar an die entsprechenden Spannungsvektoren angeschlossen. Die an den einzelnen Lampen auftretende Spannung ist dann durch die Resultierende der mit den Lampen verbundenen Vektoren gegeben. Allerdings muß hierbei beachtet werden, daß die Vektoren in bezug auf den Stromkreis gegeneinander geschaltet sind. Die resultierende Spannung ist demgemäß nicht die Summe, sondern die geometrische Differenz der beiden Einzelspannungen. Hiernach ergeben sich für das erste Diagrammbild die folgenden Verhältnisse. Die beiden räumlich gleichgerichteten, gleichgroßen Vektoren E_2 und E_2 heben einander auf, da sie im Stromkreis gegeneinander geschaltet sind. Ihre Resultierende ist demgemäß gleich Null. Die Lampe L_2 verlischt daher. Die an der Lampe L_1 auftretende Spannung ergibt sich als Resultierende der Spannungen E_1 und E_3' dadurch, daß man den einen Vektor E_3' um 180° herumklappt und ihn geometrisch zu E_1 addiert. Da die Spannungen E_3 und $-E_3'$ um 60° verschoben sind, beträgt die Resultierende $1{,}73 \cdot Ep = E$, die Lampe L_1 brennt daher mit der vollen Netzspannung. In analoger Weise ergibt sich die Spannung an der Lampe L_3 als Resultierende der Spannungen E_3 und E_1'. Die Lampe L_3 brennt daher ebenfalls mit voller Netzspannung. In den folgenden Diagrammbildern sind die Verhältnisse für die verschiedenen, zeitlich nacheinander auftretenden Phasenverschiebungen φ durchgeführt und ergeben an Hand der eingezeichneten Lampenbilder deutlich das Wandern des Lichtscheins bei der Änderung der Phasenverschiebung. Aus den Diagrammbildern folgt ohne weiteres, daß der Höchstwert der Lampenspannung gleich dem doppelten Wert der Sternspannung, also das 1,15fache der Netzspannung ist. Für diesen Höchstwert müssen demnach die Lampen be-

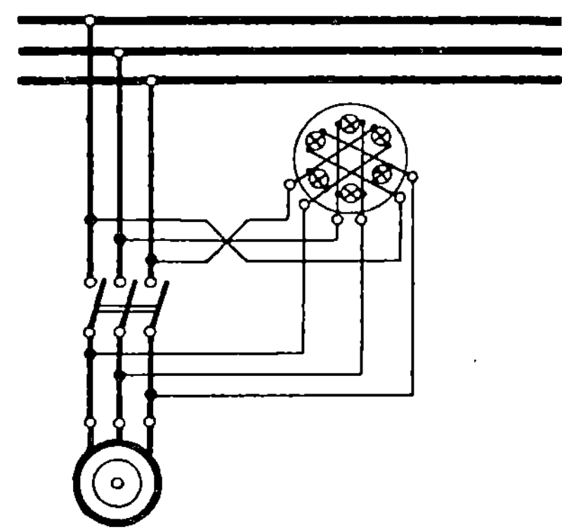

Fig. 19. Äußere Schaltung des Sechslampenapparates.
Durch die Anordnung von 6 Lampen wird ein kon-
tinuierliches Wandern des Lichtscheins erreicht.

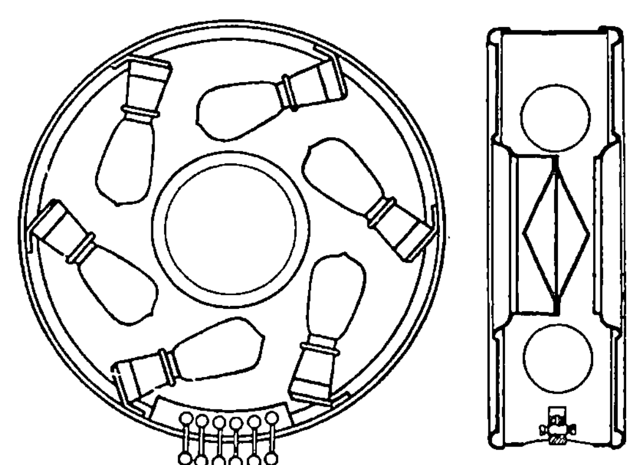

Fig. 20. Innere Anordnung des obigen Apparates.
Die verdeckt angeordneten Lampen erzeugen auf dem
konischen Reflektor einen Schattenstrich.

messen sein. Der Drehsinn des Lichtscheins hängt davon ab,
ob sich der Spannungsstern $E_1' E_2' E_3'$ in dem einen oder in dem
anderen Sinne gegen den Spannungsstern $E_1 E_2 E_3$ verschiebt, d. h.,
ob die zuzuschaltende Maschine zu langsam oder zu schnell läuft.
Man kann daher aus dem Drehsinn des Lichtscheins darauf schließen, in welchem Sinne die Drehzahl der zuzuschaltenden Maschine geregelt werden muß. Hat die zuzuschaltende Maschine
die synchrone Drehzahl erreicht, so bleibt der Lichtschein stehen.
Die Verteilung der Spannung auf die drei Lampen hängt hierbei
lediglich von der Phasenverschiebung der zu vergleichenden
Spannungen ab. Wird diese Phasenverschiebung gleich Null, ist
also Phasengleichheit erreicht, so verlischt die in Dunkelschaltung
liegende Lampe $L\ 2$, während die beiden anderen Lampen mit
der normalen verketteten Spannung brennen. Es ist demgemäß
bei dem Lampenapparat nicht nur das Wandern des Lichtscheins
und sein Stehenbleiben zu beachten, sondern der Lichtschein
muß in einer ganz bestimmten Lage stehenbleiben, wenn Phasengleichheit erreicht ist. Um die hieraus entstehende Unsicherheit
zu vermeiden, schaltet man meistens parallel zu der als Phasenlampe geschalteten Glühlampe einen Nullspannungsmesser und
liest an diesem die Phasengleichheit ab. Der Lampenapparat
wird dann lediglich zum Einstellen auf die synchrone Drehzahl
benutzt. Er bietet hierbei vor den Doppelfrequenzmessern den
Vorteil, daß er auf größere Entfernungen abgelesen werden kann,
so daß eine besondere Befehlsübertragung von der Schaltbühne
zur Maschine nicht erforderlich ist.

Bei der besseren Ausführung des Lampenapparates werden
an Stelle der drei Lampen sechs Glühlampen verwendet, von
denen immer je zwei gegenüberliegende parallel geschaltet sind.
Die Lampen werden hierbei durch das Gehäuse verdeckt und sind
so um einen konischen Reflektor angeordnet, daß auf diesem
Reflektor ein Schattenstrich entsteht. Die Wirkungsweise dieses
Apparates ergibt sich ohne weiteres aus der Abbildung auf
Seite 28. Diese ist aus dem Diagramm auf S. 24 dadurch entstanden, daß an Stelle einer Lampe stets zwei diametral gegen-
überstehende, parallel geschaltete Lampen angeordnet sind. Diese
Lampen erzeugen durch die seitliche Beleuchtung auf dem konischen Reflektor einen Schattenstrich, der bei der Änderung
der Phasenverschiebung tatsächlich rotiert.

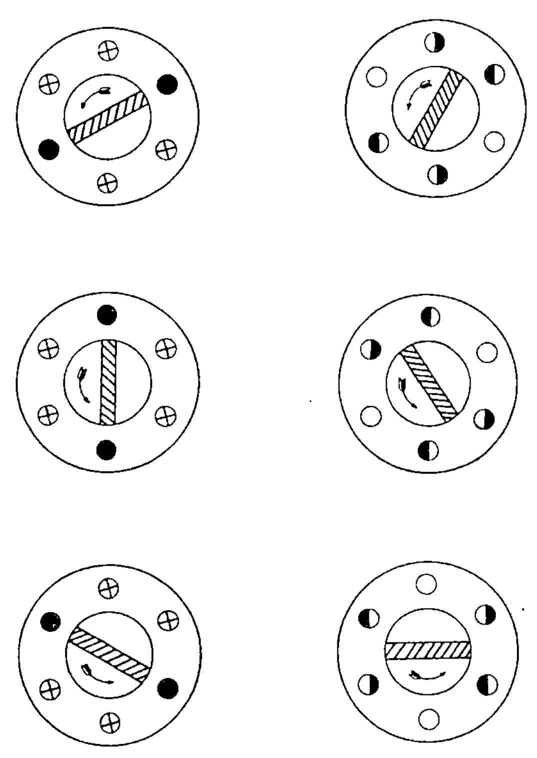

Fig. 21—26.

Darstellung der Lichtverhältnisse beim Sechslampenapparat.

Es bedeutet:

● Lampe ist dunkel $(E_l = 0)$.
◐ zunehmende Lichtstärke $(E_l = E_p = 0,58\ E)$.
⊗ mittlere Helligkeit $(E_l = 1,73\ E_p = E)$.
○ größte Lichtstärke $(E_l = 2\ E_p = 1,15\ E)$.
◑ abnehmende Lichtstärke $(E_l = E_p = 0,58\ E)$.

Die in den Glühlampen auftretende Höchstspannung ist bei allen Lampenapparaten gleich der doppelten Sternspannung. Die Lampen sind daher stets für eine Spannung zu bemessen, die um 15% höher liegt als die Netzspannung. Bei einer Sekundärspannung der Spannungswandler von 110 Volt sind demnach Lampen für 127 Volt zu benutzen. Um den Lampenapparat auch bei Tageslicht ablesen zu können, verwendet man zweckmäßig an Stelle der weißen Lampen rote Glühlampen.

f) Nullspannungsmesser.

Die Nullspannungsmesser sind Spannungsmesser, die genau in der gleichen Weise wie die Phasenlampen für Dunkelschaltung geschaltet sind. Die Bezeichnung „Nullspannungsmesser" ist deshalb gewählt, weil für ihre Ablesung nur der Zeitpunkt maßgebend ist, in dem der Zeiger auf den Nullwert zurückgeht. Der Meßbereich des Nullspannungsmessers muß bei den meisten Schaltungen für die doppelte Netzspannung bzw. für die doppelte Sekundärspannung der Meßwandler ausreichen, da sich die Maschinenspannung und die Netzspannung beim Parallelschalten zeitweilig addieren. Der Nullspannungsmesser hat vor den Phasenlampen den Vorzug, daß an Stelle der rohen Schätzung eine Messung der Spannung tritt. Er ermöglicht daher ein wesentlich sichereres Parallelschalten.

Bei der Beurteilung der Wirkungsweise des Nullspannungsmessers muß man beachten, daß dieser nur die an den Schalterkontakten auftretenden Spannungsdifferenzen anzeigt, ganz unabhängig davon, ob diese durch Phasen- oder Spannungsverschiedenheiten des Netzes und der zuzuschaltenden Maschine verursacht werden. Wie auf S. 3 bereits gesagt wurde, kommt es beim Parallelschalten in erster Linie darauf an, die durch Phasenverschiedenheiten verursachten Spannungsdifferenzen zu vermeiden, da diese die gefährlichen, wattleistenden Ausgleichströme zur Folge haben. Um es zu erreichen, daß der Nullspannungsmesser nur diese gefährlichen Spannungsdifferenzen anzeigt, muß die Spannung der zuzuschaltenden Maschine so geregelt werden, daß sie genau die gleiche Größe wie die Netzspannung erhält. Beachtet man dies nicht, so wird es vorkommen, daß der Nullspannungsmesser überhaupt nicht auf Null zurück-

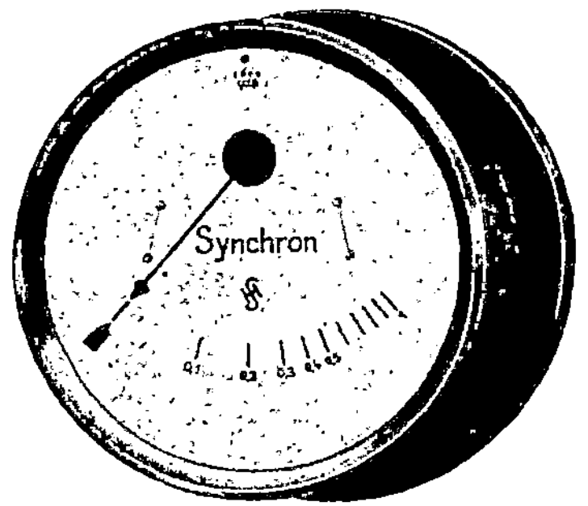

Fig. 27.   Nullspannungsmesser für Dunkelschaltung mit Dreheisensystem und Vorschaltglühlampe, mit am Anfang besonders weit auseinander gezogener Skala.

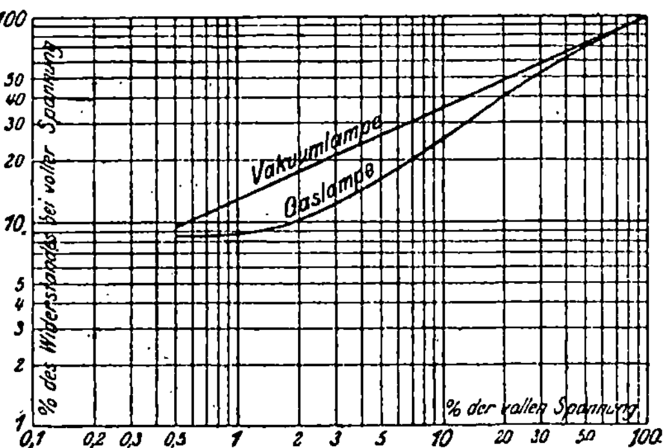

Fig. 28.   Widerstandsänderung der als Vorschaltlampe benutzten Metalldrahtglühlampe in logarithmischer Darstellung als Funktion der Spannung.

geht, so daß man es nicht wagen kann, die Parallelschaltung zu vollziehen. Es genügt demnach keineswegs, die Spannung der zuzuschaltenden Maschine nur annähernd gleich der Netzspannung zu machen, da die im Nullspannungsmesser auftretende Spannungsdifferenz die Differenz zweier nahezu gleicher Größen darstellt und demgemäß bei Verschiedenheiten sehr rasch anwächst.

Die Ausführung eines guten Nullspannungsmessers wird dadurch besonders erschwert, daß alle Wechselstrom-Spannungsmesser eine nahezu quadratische Skalenteilung aufweisen. Die Angaben der Instrumente sind daher gerade in der Nähe des Nullpunktes, der für Dunkelschaltung einzig und allein in Frage kommt, besonders ungenau. Man versuchte diesen Nachteil dadurch zu mildern, daß man die Anfangsteilung der Instrumente besonders weit auseinanderzog und den Endausschlag nicht bei der auftretenden Höchstspannung, sondern etwa bei der Hälfte oder einem Drittel der Höchstspannung eintreten ließ. Der Vorteil, daß die Anfangsteilung zwei- oder dreimal so weit war, wurde aber dadurch zum Teil wieder aufgehoben, daß der Zeiger von der Hälfte bzw. einem Drittel der Spannung bis herauf zur vollen Spannung am oberen Anschlag fest anlag. Man konnte daher die Änderungen der Spannung nicht mehr dauernd verfolgen. Bei den von Dr. Keinath angegebenen Nullspannungsmessern der Siemens & Halske A.-G. ist eine größere Anfangsteilung dadurch erreicht, daß an Stelle des üblichen Vorschaltwiderstandes aus Manganin ein solcher aus einem Metall mit hohem Temperaturkoeffizienten verwendet wird. Wenn man einen derartigen Vorschaltwiderstand so ausführt, daß er durch den Meßstrom stark erhitzt wird, kann man erreichen, daß der Widerstand bei kleinen Spannungen vernachlässigbar klein ist und mit zunehmender Spannung auf ein Vielfaches anwächst. In praktisch vollendeter Form besitzen wir solche Widerstände in den Metalldrahtlampen. Der Widerstand nimmt bei diesen vom kalten bis zum warmen Zustande um etwa den zehnfachen Betrag des Anfangswertes zu. Besonders günstig verhalten sich die gasgefüllten Lampen, bei denen einesteils die Widerstandszunahme bei der Endtemperatur entsprechend der höheren Temperatur etwas größer (etwa zwölffach) und anderenteils bei kleineren Temperaturen infolge anderer Wärmeabfuhrverhältnisse etwas geringer ist. Benutzt man eine solche Lampe als Vorschaltwiderstand für einen Spannungsmesser, so ist augenscheinlich, daß die Anfangsteilung ganz bedeutend verbessert wird und zwar in um so höherem Grade, als der Instrumentwiderstand gegen den Lampenwiderstand zu vernachlässigen ist. Bei kleinen Spannungen ist dann der Widerstand der Glühlampe und somit der Vorschaltwiderstand des Spannungsmessers sehr klein, so daß das Instrument einen großen Ausschlag gibt. Bei höheren Spannungen wächst mit der Spannung der Widerstand der Glühlampe; der Vorschaltwiderstand wird also immer größer und somit wächst der Zeigerausschlag nur langsam an. Der Skalenverlauf eines derartigen Instrumentes ist aus der Fig. 27 auf S. 30 ersichtlich. Der Wert eines Skalenteiles ist hierbei durchweg ein Zehntel des Skalenendwertes. Der Skalenendwert wird so gewählt, daß er gleich der doppelten Betriebsspannung bzw. gleich der doppelten Sekundärspannung der Spannungswandler ist. Der für das Parallelschalten maßgebende Nullpunkt der Skala ist durch eine rote Kennmarke besonders hervorgehoben. Das Meßsystem des Instrumentes ist ein Dreheisensystem, wie es schon bei den Doppelspannungsmessern beschrieben wurde. Die Bewegungen des Zeigers sind bei diesen Instrumenten durch eine Öldämpfung besonders stark gedämpft, so daß ein sicheres Parallelschalten der Maschinen auch bei schwierigen Betriebsverhältnissen ermöglicht ist. Etwa beschädigte Glühlampen können ohne weiteres gegen neue Lampen ausgewechselt werden. Eine Neueichung wird dadurch nicht erforderlich, da der Widerstand von allen Lampen der gleichen Type annähernd der gleiche ist. Die etwa vorkommenden Abweichungen in der Größenordnung von 2% sind für einen Nullspannungsmesser belanglos.

g) Summenspannungsmesser.

Der Summenspannungsmesser ist ein Spannungsmesser, der in der gleichen Weise wie die Phasenlampen für Hellschaltung geschaltet ist. Da bei der Hellschaltung stets die Summe der Netzspannung und der Maschinenspannung bestimmend ist, ist die neue Bezeichnung „Summenspannungsmesser" gewählt worden. Der Meßbereich des Instrumentes muß demgemäß auch für die doppelte Netzspannung bzw. für die doppelte Sekundärspannung der Meßwandler ausreichen. Der Summenspannungsmesser hat vor den Phasenlampen den Vorzug, daß er eine genauere Messung der Spannung und damit ein sichereres Parallelschalten ermöglicht.

Für die Wirkungsweise des Summenspannungsmessers gelten ähnliche Gesichtspunkte, wie sie bei der Besprechung des Nullspannungsmessers gebracht wurden. Der Summenspannungsmesser zeigt lediglich die Summe der Netzspannung und der Spannung der zuzuschaltenden Maschine an, ganz unabhängig davon, ob ihr Wert durch verschiedene Phase oder verschiedene Größe der beiden verglichenen Spannungen erreicht wurde. Er trennt also ebenfalls nicht die Phasenverschiedenheiten von den Spannungsverschiedenheiten. Ist die Spannung der zuzuschaltenden Maschine zu hoch, so zeigt der Summenspannungsmesser den für die Parallelschaltung maßgebenden Ausschlag gleich der doppelten Netzspannung schon bevor die Phasengleichheit erreicht ist, während andererseits bei zu kleiner Spannung der zuzuschaltenden Maschine der erforderliche Wert überhaupt nicht erreicht wird. Aber eine einfache Überlegung ergibt, daß die Spannungsverschiedenheiten hierbei nicht die Rolle spielen können wie beim Nullspannungsmesser, denn die Summe zweier nahezu gleich großer Größen wird durch eine geringe Änderung eines der beiden Summanden nur unwesentlich beeinflußt. Man kann daher bei den Schaltungen mit Summenspannungsmesser unter Umständen auf einen besonderen Doppelspannungsmesser ganz verzichten und die Spannung der zuzuschaltenden Maschine lediglich nach dem Höchstausschlag des Summenspannungsmessers einstellen.

Seiner Bauart nach ist der Summenspannungsmesser ein gewöhnlicher Spannungsmesser mit Dreheisensystem. Er ist gekennzeichnet durch eine auf dem Werte der doppelten Netzspannung stehende Kennmarke, auf die der Zeiger beim Parallelschalten einspielen muß. Bei der einfachsten Ausführung wird die Kennmarke so angebracht, daß sie von Hand auf den jeweiligen Wert der doppelten Netzspannung eingestellt werden kann. Bei der besseren Ausführung dagegen erfolgt die Einstellung der Kennmarke selbsttätig. Man verwendet hierzu den im vorigen Abschnitt beschriebenen Doppelspannungsmesser. Das untere Meßsystem, dessen Zeiger als bewegliche Kennmarke ausgeführt ist, wird unmittelbar an die Netzspannung bzw. an die Sekundärseite des an der Netzspannung liegenden Spannungswandlers

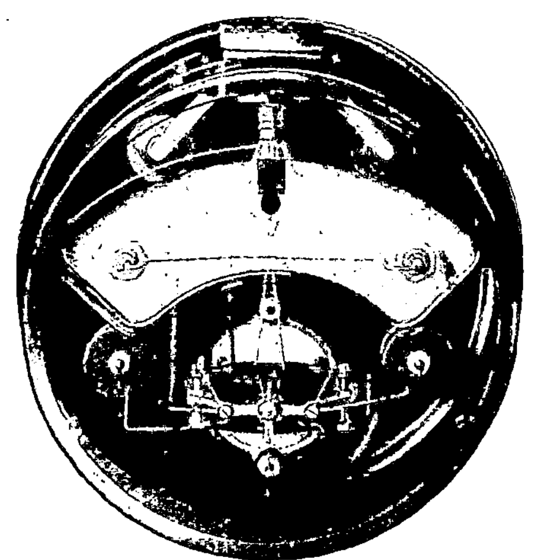

Fig. 29. Weston-Synchronoskop mit hin- und herschwingendem, nur in einer Bewegungsrichtung sichtbaren Zeiger.

Fig. 30. Innere Anordnung des obigen Synchronoskops. Durch die im Bilde sichtbare Phasenlampe wird auf der Skala ein Schattenbild des bewegten Zeigers erzeugt.

angeschlossen. Die Kennmarke wird dann stets auf den jeweiligen Wert der Netzspannung einspielen. Das obere Meßsystem, das als Summenspannungsmesser geschaltet wird, erhält einen äußeren Vorschaltwiderstand, durch den der Meßbereich verdoppelt wird. Der Zeiger dieses Meßsystems steht dann bei der doppelten Netzspannung direkt über der beweglichen Kennmarke.

h) Weston-Synchronoskop.

Während die Null- und Summenspannungsmesser lediglich die Differenz bzw. die Summe der parallel zu schaltenden Spannungen anzeigen, ganz gleichgültig, ob diese durch verschiedene Größe oder verschiedene Phase der Einzelspannungen entstanden ist, zeigt das von der Weston-Instrument-Company gebaute Synchronoskop unmittelbar die Phasendifferenz der beiden zu vergleichenden Spannungen an. Durch den Bewegungssinn des Zeigers gibt das Synchronoskop gleichzeitig an, in welchem Sinne die parallel zu schaltende Maschine geregelt werden muß, um den Synchronismus zu erreichen.

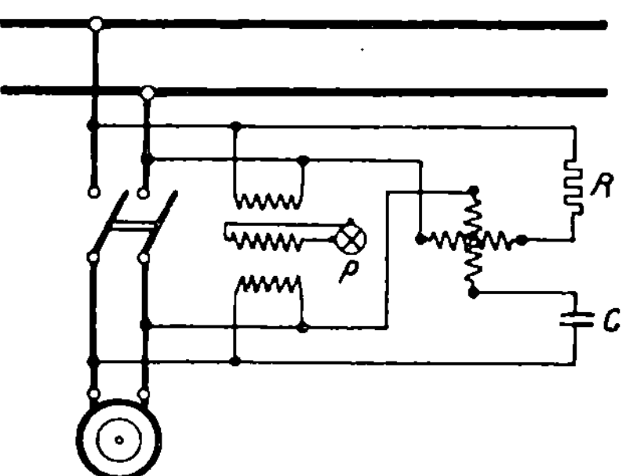

Fig. 31.

Das Meßsystem des Synchronoskops ist ein nach dynamometrischem Prinzip gebauter Phasenmesser und besteht demnach aus einer feststehenden und einer drehbaren Spule. Die feste Spule ist, wie das obenstehende Schaltbild zeigt, über einen Vorschaltwiderstand R mit dem Netz verbunden, während die bewegliche Spule in Reihe mit einem Kondensator C an der zuzuschaltenden Maschine liegt. Der Zeiger des Meßinstrumentes ist hinter einer

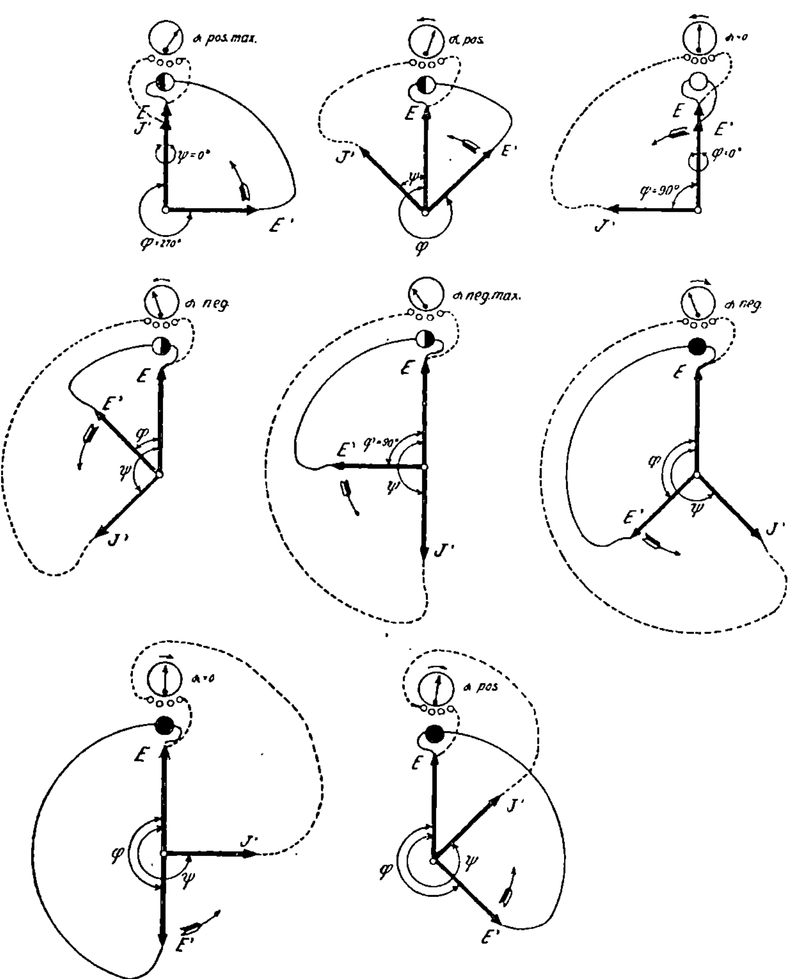

Fig. 32—39.

Graphische Darstellung der Arbeitsweise des Weston-Synchronoskops.

Es bedeutet:

● = Phasenlampe ist dunkel,　　○ = volle Lichtstärke,

◖ = zunehmende Lichtstärke,　　◗ = abnehmende Lichtstärke.

Milchglasscheibe angebracht, die von hinten durch eine in Hellschaltung liegende Phasenlampe beleuchtet wird. Der Zeiger
ist demnach nur dann sichtbar, wenn die Phasenlampe brennt,
und verschwindet mit dem Verlöschen der Lampe. Um unmittelbare Verbindungen zwischen dem Netz und der zuzuschaltenden
Maschine zu vermeiden, ist die Phasenlampe nicht direkt angeschlossen, sondern liegt an der Sekundärwickelung eines drei-
schenkeligen Transformators, der einerseits vom Netz und andererseits von der zuzuschaltenden Maschine erregt wird. Die in der
Sekundärwickelung erzeugte Spannung ist demnach ebenso wie
bei der direkten Schaltung der Phasenlampe die Resultierende
der beiden Einzelspannungen. Durch die Zwischenschaltung des
Transformators ergibt sich außerdem noch die Möglichkeit, durch
Änderung der Übersetzung die Lampenspannung beliebig herab-
zusetzen, so daß man die besonders haltbaren Niederspannungs-
lampen benutzen kann.

Die Wirkungsweise der Vorrichtung ergibt sich aus den
Diagrammbildern auf S. 36. Der Strom in der festen Spule des
Meßinstrumentes ist in Phase mit der Netzspannung E, da im
Stromkreis der festen Spule lediglich der Ohmsche Widerstand
R liegt. Der Strom J' in der beweglichen Spule dagegen wird
durch den Kondensator C um eine Viertelperiode nach vorn verschoben; er eilt daher stets um 90° vor der Spannung E' der
zuzuschaltenden Maschine voraus. Im ersten Diagrammbild ist
die Spannung E' um einen Winkel $\varphi = 270°$ vor der Netzspannung
E vorausgeeilt. Der Strom J' in der beweglichen Spule des Meßsystems ist daher um weitere 90° nach vorn verschoben, so daß
er in Phase mit der Netzspannung E liegt. Die Ströme in der
festen und beweglichen Spule sind daher in Phase und üben das
größtmögliche Drehmoment auf das System aus, das seinen
höchsten positiven Ausschlag gibt. Die Phasenlampe liegt hierbei an den Spannungen E und E', die gegeneinander ebenfalls
um 90° verschoben sind, und gibt bei dieser Spannung gerade
noch so viel Licht, daß der Zeiger durch die Milchglasscheibe
hindurch sichtbar wird. Im folgenden Bild ist die Spannung E'
noch weiter vorgeeilt, die Ströme in der festen und beweglichen
Spule des Meßsystems sind daher nicht mehr in Phase; der Zeigerausschlag ist kleiner geworden, die Phasenlampe dagegen brennt
etwas heller, da die Phasenverschiebung der Spannungen E und

E' kleiner geworden ist. Im dritten Bild ist die Spannung E' in Phase mit der Netzspannung E. Die Ströme in den Instrumentspulen sind um 90° verschoben, der Zeigerausschlag ist demnach Null, d. h. der Zeiger steht in der Mitte der Skala. Die Phasenlampe liegt an den beiden jetzt in Phase befindlichen Spannungen E und E'; sie leuchtet demgemäß mit ihrer größten Helligkeit auf. Im vierten Bild ist der Zeigerausschlag des Instrumentes negativ geworden und die Helligkeit der Phasenlampe hat etwas abgenommen. Im fünften Bild steht der Zeiger des Instrumentes in seiner negativen Endstellung und die Phasenlampe brennt nur noch schwach. Im sechsten Bild bewegt sich der Zeiger wieder zurück über die Skala, die Phasenlampe ist verloschen, der Zeiger ist also nicht mehr sichtbar. Im siebenten und achten Bild endlich geht der Zeiger durch Null hindurch nach dem positiven Endwert der Skala hinüber, ist aber auf diesem ganzen Wege nicht sichtbar, da die Phasenlampe verloschen ist. Der Zeiger ist demnach nur auf dem Wege von rechts nach links auf der Skala sichtbar gewesen und zeigt damit an, daß die zuzuschaltende Maschine schneller läuft als es der synchronen Tourenzahl entspricht. Würde die zuzuschaltende Maschine langsamer laufen, so würde sich das Spiel umkehren, d. h. der Zeiger würde nur auf dem Wege von links nach rechts sichtbar sein und durch diesen Bewegungssinn anzeigen, daß die Maschine langsamer läuft. Bei Synchronismus endlich bleibt der Zeiger in der im dritten Diagrammbild dargestellten Weise mitten in der vollbeleuchteten Skala stehen. Das Weston-Synchronoskop hat den Vorteil, daß seine Angaben innerhalb weiter Grenzen von der Frequenz und der Größe der Spannungen unabhängig sind. Gegenüber den Apparaten mit umlaufendem Zeiger hat es jedoch den Nachteil, daß es die Änderungen der Phasenverschiebung nur während eines Teiles der ganzen Periode anzeigt.

Der Eigenverbrauch des Synchronoskops einschließlich der Lampe beträgt bei 110 Volt nur etwa 15 Voltampere von jeder Maschine. Der Apparat ist ohne weiteres für Ein- und Mehrphasenmaschinen zu gebrauchen, da auch bei Mehrphasenmaschinen die Schaltung meistens einphasig ausgeführt wird. Für höhere Spannungen als 110 Volt kann das Synchronoskop wegen des dazugehörigen Spezialtransformators nicht eingerichtet werden und ist daher für höhere Spannungen stets mit Spannungswandlern zu benutzen.

i) Siemens-Synchronoskop.

Das Siemens-Synchronoskop ist zum Parallelschalten von Drehstrommaschinen bestimmt. Das Instrument besitzt einen umlaufenden Zeiger, der je nachdem, ob die zuzuschaltende Maschine zu schnell oder zu langsam läuft, in dem einen oder dem anderen Drehsinn dauernd umläuft und bei Phasengleichheit in der senkrechten Stellung stehenbleibt. Da der Apparat die Bewegungsvorgänge der parallel zu schaltenden Maschine genau wiedergibt, gestattet er ein sehr sicheres Parallelschalten. Man kann es mit ihm ohne weiteres erreichen, daß die zuzuschaltende Maschine sofort nach dem Parallelschalten Last aufnimmt, indem man nur dann einschaltet, wenn der Zeiger des Apparates in der Richtung „Zu schnell" die der Phasengleichheit entsprechende Marke passiert. Da die Wirkungsweise des Apparates nur von den Phasenverhältnissen abhängt, wird er von etwaigen Spannungsverschiedenheiten nicht beeinflußt.

Die innere Schaltung des von der Siemens & Halske A. G. hergestellten Synchronoskops ist umstehend abgebildet. Der Apparat besteht aus einem feststehenden, aus Eisenblechen aufgebauten Ständer a mit zwei bewickelten Polen P_1 und P_2 und einem zwischen diesen Polen drehbar angeordneten Läufer L mit einer normalen Drehstromwickelung. Die Ständerwickelung wird einphasig an die Spannung der zuzuschaltenden Maschine angelegt, während die Läuferwickelung dreiphasig an die Sammelschienen angeschlossen wird. Im Ständer entsteht dann ein einphasiges Wechselfeld von der Frequenz der zuzuschaltenden Maschine, während im Läufer ein Drehfeld erzeugt wird, das mit der Netzfrequenz umläuft. Ist die Frequenz der im Ständer und Läufer fließenden Ströme genau gleich groß, so befindet sich das Drehfeld des Läufers relativ in Ruhe zum Wechselfeld des Ständers. Der Läufer wird daher stillstehen. Die Ruhelage des Läufers hängt hierbei unmittelbar von der Phasenverschiebung zwischen Läuferstrom und Ständerstrom ab. Sind beide in Phase, so wird der Läufer eine ganz bestimmte, durch seine Wickelung gegebene Stellung zum Ständer einnehmen. Der auf der Läuferachse befindliche Zeiger spielt dann auf der oberen Marke der Skala ein. Bleibt der Läuferstrom zeitlich um einen Winkel φ hinter dem Ständerstrom zurück, so bleibt der Vektor des Dreh-

Fig. 40. Siemens-Synchronoskop mit umlaufendem Zeiger und fester Einstellung bei Synchronismus.

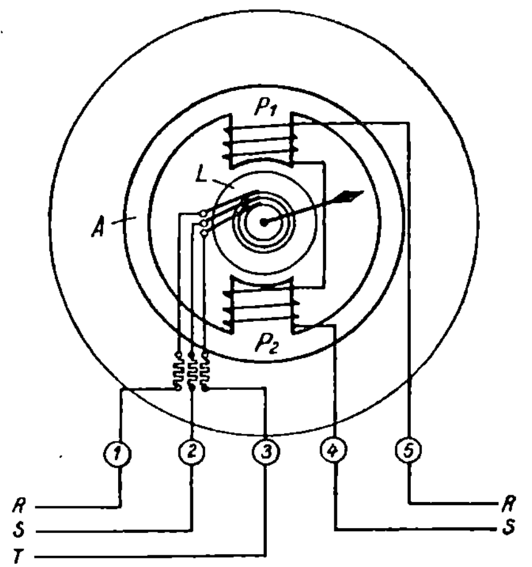

Fig. 41. Innere Schaltung des obigen Synchronoskops. Der Läufer ist dreiphasig, der Ständer dagegen nur einphasig ausgeführt.

feldes gegenüber der Läuferwickelung ebenfalls um einen Winkel φ räumlich gegenüber der durch den Zeiger bezeichneten Normallage zurück. Da jedoch das Drehfeld stets in der Richtung des Wechselfeldes festgehalten wird, wird sich die Wickelung des Läufers und damit dieser selbst um diesen Winkel φ nach vorwärts drehen. Der Zeiger des Läufers wird also um einen Winkel φ nach vorwärts verschoben. Ändert sich die Phasenverschiebung stetig, d. h. wird der Winkel φ immer größer, so wird sich der Zeiger proportional mit diesem Winkel auf der Skala nach vorwärts drehen. Er wird z. B. bei 180° eine halbe, bei 360° eine ganze Umdrehung machen. Bei einer Frequenzverschiedenheit, bei der sich der Phasenverschiebungswinkel φ in der vorbeschriebenen Weise stetig ändert, wird demgemäß der Zeiger dauernd auf der Skala umlaufen. Die Umlaufsrichtung hängt von dem Richtungssinn des Winkels φ ab, d. h. sie hängt davon ab, ob die Frequenz des Läuferstromes größer oder kleiner ist als die des Ständerstromes. Die Umlaufsgeschwindigkeit hängt dagegen von der Änderungsgeschwindigkeit des Winkels φ, also von der Größe des Frequenzunterschiedes zwischen Läuferstrom und Ständerstrom ab. Wird dieser sehr groß, so wird der Zeiger sehr rasch umlaufen, so daß der Apparat unter Umständen beschädigt werden kann. Der Apparat darf daher erst dann eingeschaltet werden, wenn die Frequenz der zuzuschaltenden Maschine mittels des Frequenzmessers auf etwa 5% richtig eingestellt ist.

Die Apparate werden normal für 110 Volt Klemmenspannung ausgeführt. Bei 220 Volt ist ein außenliegender Vorschaltwiderstand erforderlich. Für noch höhere Spannungen sind Spannungswandler zu benutzen. Der Eigenverbrauch des Synchronoskops ist sehr gering. Er beträgt z. B. bei 110 Volt in der Wechselstromwickelung etwa 0,1 Ampere und in der Drehstromwickelung etwa 0,18 Ampere. Infolge dieses geringen Stromverbrauchs ist es ohne weiteres zulässig, das Synchronoskop zusammen mit den Spannungsmessern an die gleichen Spannungswandler anzuschließen.

k) Allgemeines über die Auswahl der Meßgeräte.

Die Doppelfrequenzmesser und die Doppelspannungsmesser werden bei allen Schaltungen in gleicher Weise angewendet, ganz

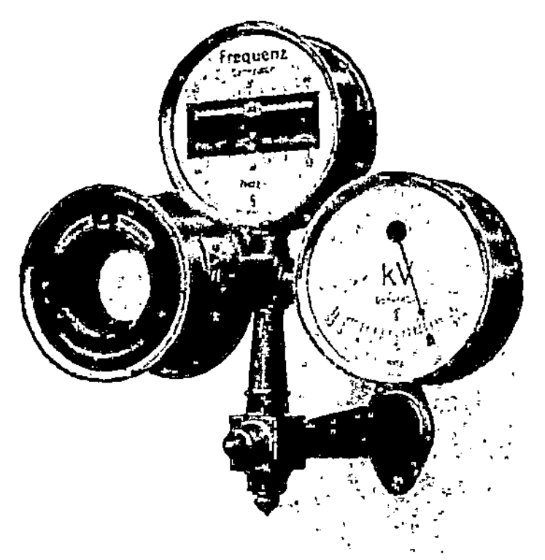

Fig. 42. Meßeinrichtung mit Summenspannungsmesser und einer in ein Gehäuse mit Transparentscheibe eingebauten Phasenlampe.

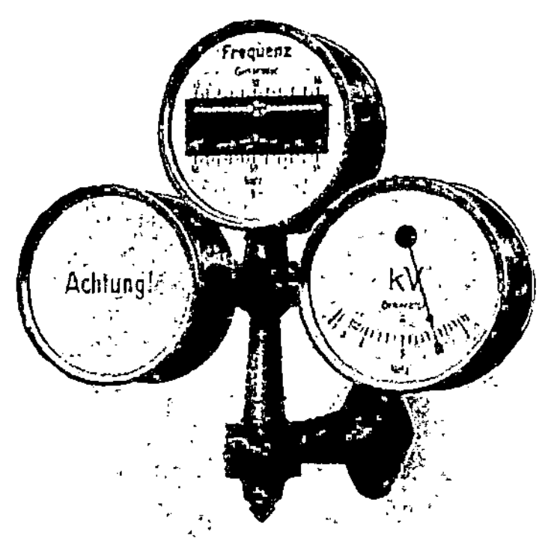

Fig. 43. Meßeinrichtung mit Summenspannungsmesser und Lampenapparat.

**Instrumentsätze zum Parallelschalten
bei Hellschaltung.**

unabhängig davon, ob man sich für Hell- oder Dunkelschaltung
entschieden hat (vgl. S. 12). In vielen Fällen wird man jedoch
vor der Frage stehen, ob es richtiger ist, einen Null- bzw. Summenspannungsmesser oder ein Synchronoskop, einfache Phasenlampen
oder einen Lampenapparat zu benutzen. Um die richtige Auswahl zu erleichtern, sollen daher im nachstehenden die grund-
sätzlichen Unterschiede dieser verschiedenen Meßgeräte noch einmal kurz gegenübergestellt werden.

Die Null- und Summenspannungsmesser zeigen nicht
unmittelbar die Größe an, die man mit ihnen messen will.
Man will die Phasendifferenz messen, die Instrumente zeigen
aber lediglich eine Spannungsdifferenz bzw. die Summe der
parallelzuschaltenden Spannungen an, ganz unabhängig davon, ob diese Werte durch verschiedene Größe oder verschiedene Phase der Einzelspannungen entstanden sind. Sicherlich ist es der theoretisch günstigste Fall, wenn die beiden parallelzuschaltenden Spannungen einander vollkommen aufheben bzw.
sich zur doppelten Spannung summieren, da in diesem Falle
keinerlei Ausgleichströme zustande kommen können. Es fragt
sich aber, ob es praktisch erforderlich und wünschenswert ist,
tatsächlich diesen günstigsten Fall vor dem Parallelschalten ab-
zuwarten. Wie wir auf S. 3 gesehen haben, verursachen Spannungsdifferenzen, die durch Größenverschiedenheiten der beiden
Spannungen hervorgerufen werden, lediglich wattlose Ausgleichströme, die zwar Spannungsschwankungen verursachen können,
aber sonst auf die Maschinen mechanisch keine wesentliche Rückwirkung ausüben. Die Vermeidung dieser wattlosen Ausgleichströme hätte daher nur für die Konstanterhaltung der Spannung
und für die Erhaltung der Schalterkontakte eine praktische Bedeutung. Die durch Phasendifferenz der beiden parallelzuschaltenden Spannungen entstehenden Ausgleichströme üben dagegen
eine sehr kräftige mechanische Rückwirkung auf die parallelzuschaltenden Maschinen aus, durch die die Maschinen und ihre
Wickelungen sehr stark beansprucht werden. Man muß daher
in erster Linie diese letztgenannten Ausgleichströme vermeiden.
Da die Null- und die Summenspannungsmesser es nicht gestatten,
diese schädlichen Spannungen bzw. Ausgleichströme von den un-
schädlichen zu unterscheiden, muß man bei ihrer Verwendung
stets besonders darauf achten, daß die zu vergleichenden

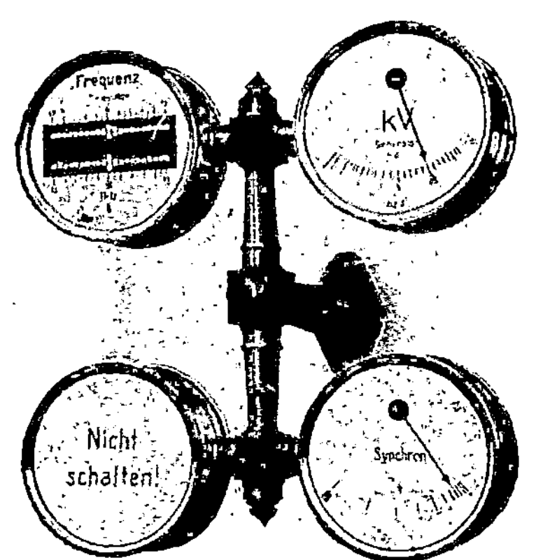

Fig. 44. Meßeinrichtung mit Nullspannungsmesser und einer in ein Gehäuse mit Transparentscheibe eingebauten Phasenlampe.

Fig. 45. Meßeinrichtung mit Nullspannungsmesser und Lampenapparat.

Instrumentsätze zum Parallelschalten bei Dunkelschaltung.

Spannungen tatsächlich gleich groß sind, d. h. man muß außer diesen Instrumenten stets noch einen Doppelspannungsmesser genau beobachten.

Die Synchronoskope bieten demgegenüber den wesentlichen Vorteil, daß sie unmittelbar die zu messende Phasendifferenz anzeigen. Wenn man mit einem Synchronoskop parallelschaltet, ist man daher stets sicher, daß man keine schädlichen Ausgleichströme bekommt, die die Maschinen ungünstig beanspruchen. Das Entstehen der Ausgleichströme an sich wird allerdings bei dem Parallelschalten mit dem Synchronoskop nicht verhindert, sondern es werden nur die schädlichen Ausgleichströme vermieden. Die wattlosen, durch verschiedene Größe der zu vergleichenden Spannungen entstehenden Ausgleichströme können jedoch durch einfaches Einstellen der Spannung nach den Angaben des Doppelspannungsmessers so klein gehalten werden, daß eine unnötige Beanspruchung der Schalterkontakte in jedem Falle vermieden wird. Die Synchronoskope werden daher namentlich bei schwierigeren Betrieben, bei denen sich absolute Spannungsgleichheit nur schwer erreichen läßt, ein sicheres und gefahrloses Parallelschalten ermöglichen. Sie bieten außerdem den Vorteil, daß durch den Drehsinn des Zeigers ohne weiteres der Sinn der erforderlichen Tourenregelung angegeben wird und daß man es durch Beachtung des Drehsinns stets erreichen kann, daß die zugeschaltete Maschine sofort als Generator Last aufnimmt.

Die Phasenlampen bzw. die Lampenapparate werden bei allen Schaltungen als ergänzende Meßmittel zu anderen genaueren Synchronisierungsmeßgeräten benutzt. Durch sie wird die Betriebssicherheit der Parallelschalteinrichtung wesentlich erhöht, da sie durch ihr Aufleuchten bzw. Verlöschen dem Maschinisten anzeigen, daß die Einrichtung ordnungsgemäß arbeitet. In den meisten Fällen werden die einfachen Phasenlampen in Gehäuse, wie sie auf S. 22 beschrieben sind, benutzt. Der Lampenapparat wird nur noch in kleineren Kraftwerken, und auch da verhältnismäßig selten, angewendet. Er dient dann lediglich als Signalgeber für die Regelung der Drehzahl der zuzuschaltenden Maschine und bietet hierbei den Vorteil, daß er auf größere Entfernungen ablesbar ist. Er ersetzt daher in vielen Fällen eine besondere Befehlsübertragung zwischen Schaltbühne und Maschinen.

Fig. 46. Schaltsäule mit Siemens-Synchronoskop und einer in ein Gehäuse mit Transparentscheibe eingebauten Phasenlampe.

l) Vollständige Instrumentensätze.

Die zur Parallelschalteinrichtung gehörigen Meßinstrumente
werden zweckmäßig auf einem Wandarm oder einer Säule zu
einem einheitlichen Ganzen vereinigt. Diese Anordnung bietet
gegenüber dem Einbau der Instrumente in die Schalttafel den
wesentlichen Vorzug, daß die Parallelschalteinrichtung als ein
für alle Maschinensätze gemeinsam geltendes Meßgerät aus der
Schaltwand hervortritt und daher von allen Seiten sichtbar ist.
Auf den Bilderseiten 42, 44 und 46 sind einige solcher Zusammen-
stellungen, wie sie von der Siemens & Halske A. G. ausgeführt
werden, abgebildet.

Auf S. 42 sind die Instrumentsätze mit Summenspannungsmesser für Hellschaltung in der einfachsten Anordnung auf
Wandarm angegeben. Gemeinsam für die beiden abgebildeten
Einrichtungen ist der Doppelfrequenzmesser und der gleichzeitig
als Summenspannungsmesser verwendete Doppelspannungsmesser.
Bei der oberen Einrichtung ist eine einfache, in ein Gehäuse ein-
gebaute Phasenlampe für Hellschaltung benutzt, die beim Aufleuchten das Achtungssignal zum Parallelschalten gibt. Bei der unteren
Figur ist an Stelle einer einfachen Phasenlampe ein Lampenapparat benutzt, der durch den Drehsinn des Lichtscheins angibt, in
welchem Sinne die zuzuschaltende Maschine geregelt werden muß.

Auf S. 44 sind die entsprechenden Instrumentsätze mit Nullspannungsmesser für Dunkelschaltung angegeben. Beiden Einrichtungen gemeinsam ist der Doppelfrequenzmesser, der Doppelspannungsmesser und der Nullspannungsmesser. Die beiden Aus-
führungen unterscheiden sich wieder durch die Anordnung der
Phasenlampe. Bei der oberen Figur ist eine in ein Gehäuse ein-
gebaute Phasenlampe in Dunkelschaltung benutzt, die beim Aufleuchten das Warnungssignal „Nicht schalten" gibt. Bei Verwendung des auf S. 78 beschriebenen Umkehrtransformators
kann man an Stelle des betriebstechnisch unbequemen Warnungssignales, das lediglich angibt, wenn man nicht schalten darf, auch
ein Achtungssignal bekommen, das auf den Augenblick des
Parallelschaltens aufmerksam macht. Hierdurch wird gleichzeitig
die Betriebssicherheit der Meßeinrichtung ganz erheblich erhöht,
da das Achtungssignal nur bei störungsfreiem Arbeiten der Anlage erfolgt. Bei der unteren Figur ist an Stelle der Phasenlampe
ein Lampenapparat mit umlaufendem Lichtschein benutzt.

| Steckvorrichtung für | | Stecker für | | | Passend für |
jede Maschine	Sammelschienen	laufende Maschine	zuzuschaltende Maschine	Sammelschienen	Schaltung Nr.
() ()			● ●		1—3; 5—8 11—14
() ()	() ()		● ●		24—26
() () ()			● ● ●		10
		● ●	●		21
() () ()	() () ()		● ● ●		27; 28
() () () () () ()		● ●	●		22; 23
() () () ()	() () () () () ()		● ●	● ●	4; 9
			● ●	● ● ●	15
() o ()		● ● ●	● ●		16; 18—20
() () () () () ()		● ● ●	● ●		17

Auf S. 46 ist endlich eine Schaltsäule mit Synchronoskop abgebildet. Sie enthält wieder einen Doppelfrequenzmesser und einen Doppelspannungsmesser. Zur Phasenabgleichung dient ein Siemens & Halske-Synchronoskop, das durch den Drehsinn des umlaufenden Zeigers ohne weiteres den Regelsinn für die zuzuschaltende Maschine angibt. Bei Phasengleichheit bleibt der Zeiger auf der oberen Kennmarke stehen. Die Phasenlampe arbeitet bei der abgebildeten Anordnung in Dunkelschaltung. Bei Verwendung eines Umkehrtransformators kann jedoch auch eine Phasenlampe in Hellschaltung benutzt werden (vgl. S. 78).

m) Hilfsapparate.

Die Verbindungen der Maschinen bzw. der Sammelschienen mit den zur Parallelschaltung erforderlichen Meßinstrumenten werden bei den Siemens-Schuckertwerken durch besondere Stöpselschalter hergestellt. Diese bieten gegenüber anderen Schaltern die Vorteile, daß sie einesteils bei Verwendung verschieden ausgebildeter Stecker ganz bestimmte Schaltungen zwangläufig festlegen, anderenteils aber die Möglichkeit falscher Schaltungen durch Verwendung einer beschränkten Anzahl Stecker ausschließen.

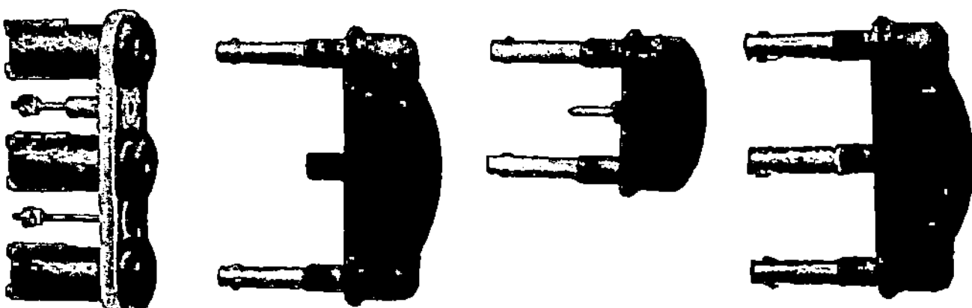

Fig 47.

Die Stöpselschalter bestehen aus einer in die Schalttafel eingebauten Steckeinrichtung und einem oder zwei für die ganze Anlage dienenden Steckern. Die Steckeinrichtungen selbst sind je nach der Schaltung zwei- oder dreipolig ausgeführt, während die Stecker einpolig, zweipolig und dreipolig geliefert werden. Die zweipoligen Stecker werden außerdem mit großem und mit kleinem Abstande der Kontaktstifte ausgeführt. Um ein falsches Einstecken der zweipoligen kurzen Stecker zu vermeiden, erhalten sie einen besonderen, zwischen den beiden Kontakten angeordneten Sperrstift, der in eine an der entsprechenden Stelle der Steckeinrichtung angebrachte Öffnung eingreift. Die Einführungsöffnung für diesen Stift ist in den Schaltbildern durch einen kleinen Kreis dargestellt.

Um einen leichten Überblick über die erforderlichen Stöpselschalter zu bekommen, sind in der Tabelle auf S. 48 die für die verschiedenen Schaltungen nötigen Steckvorrichtungen und Stecker zusammengestellt.

Die Hauptschalter, durch die die Maschinen beim Parallelschalten an die Sammelschienen angeschlossen werden, werden meistens als Ölschalter mit Schutzwiderstand ausgeführt. Diese sog. Schutzschalter haben neben den Hauptkontaktfedern besondere isolierte Vorkontakte, an die ein Schutzwiderstand angeschlossen ist. Beim Einlegen des Kontaktmessers wird hierbei der Stromschluß zunächst über den Schutzwiderstand hergestellt. Bei der Weiterbewegung des Kontaktmessers in seine Betriebsstellung wird der Schutzwiderstand kurzgeschlossen. Die Schutzschalter bieten beim Parallelschalten den wesentlichen Vorteil, daß die bei schlechtem Parallelschalten auftretenden Stromstöße und Spannungswellen so gemildert werden, daß eine unzulässige Beanspruchung der Maschinen vermieden wird. Auf diese Weise ist eine gewisse Gewähr dafür gegeben, daß auch bei schlechter Bedienung der Parallelschalteinrichtung keine Beschädigung der Anlage eintreten kann.

IV. Vollständige Schaltungen.

1. Allgemeines über die Auswahl einer passenden Schaltung.

Bei der Ausführung der Parallelschalteinrichtungen hat man zwischen drei Möglichkeiten zu unterscheiden. Entweder führt man die Phasenvergleichung zwischen Generator und Sammelschienen, oder zwischen Generator und Generator, oder endlich an den Schalterkontakten der Hauptschalter aus.

Die einfachsten Schaltungen ergeben sich bei der Phasenvergleichung zwischen Generator und Sammelschienen. Man wird diese Art der Schaltung stets dann mit Erfolg benutzen, wenn man Anlagen mit nicht allzu hoher Spannung zu schalten hat. Für Spannungen bis 250 Volt werden die Schaltungen direkt oder besser halbindirekt ausgeführt, während man für höhere Spannungen die indirekte Schaltung mit Spannungswandlern benutzt. Um bei Mehrfachsammelschienen ein Schalten auf falsche Sammelschienen zu vermeiden, sind bei diesen Schaltungen besondere Hilfskontakte an den Trennschaltern erforderlich, die die zugehörige Parallelschalteinrichtung zwangläufig ein- und ausschalten. Gleichzeitig werden durch diese Hilfskontakte auch Signallampen eingeschaltet, die ohne weiteres anzeigen, welcher Trennschalter geschlossen ist. Zum Parallelschalten der verschiedenen Sammelschienensysteme sind hierbei keine besonderen Einrichtungen erforderlich, da man die Parallelschaltung durch unmittelbares Vergleichen der an die verschiedenen Sammelschienen angeschlossenen Generatoren ausführen kann.

Liegen zwischen den Generatoren und den Sammelschienen Transformatoren, die die Generatorspannung auf eine wesentlich höhere Sammelschienenspannung hinauftransformieren, so wird die Phasenvergleichung zwischen Generator und Sammelschienen ungünstig, da die erforderlichen Spannungswandler für die hohe Sammelschienenspannung teuer werden und erheblichen Raum beanspruchen. Man führt daher in diesem Falle die Phasen-

4*

vergleichung zwischen Generator und Generator aus. Hierbei hat man gegenüber der vorher beschriebenen Schaltweise den Vorteil, daß alle Spannungswandler nur für die verhältnismäßig niedrige Generatorspannung zu bemessen sind und daher klein und billig werden. Allerdings ist hierbei Voraussetzung, daß die Innenschaltung der zu den einzelnen Generatoren gehörigen Hochspannungstransformatoren bei allen Transformatoren gleich- gleichartig ausgeführt ist, so daß bei Phasengleichheit auf der Unterspannungsseite auch die entsprechenden Oberspannungs- seiten phasengleich sind. Sollen etwaige von anderen Kraftwerken kommende Speiseleitungen unmittelbar zu den auf der Ober- spannungsseite liegenden Sammelschienen parallel geschaltet werden, so kann dies nur durch Phasenvergleichung der Ober- spannungsseite der Speiseleitungen mit der Unterspannungsseite des Kraftwerkes erfolgen. Da die wohl unter sich phasengleichen Generatoren infolge der Zwischenschaltung der Hochspannungs- transformatoren aber nicht mit den Sammelschienen phasengleich zu sein brauchen, müssen die zum Synchronisieren der Speise- leitungen benutzten Spannungswandler eine etwaige zwischen der Unter- und Oberspannungsseite bestehende, durch die Schaltung der Transformatoren bedingte Phasenverschiebung berücksich- tigen. Sie müssen so gebaut sein, daß ihre Sekundärspannung bei Synchronismus auf der Oberspannungsseite mit der Generator- spannung phasengleich ist. Hierauf ist bei der erstmaligen Inbe- triebsetzung derartiger Anlagen besonders zu achten. Für die nor- male Betriebsführung werden jedoch hierdurch keinerlei Schwie- rigkeiten verursacht. Bei Anlagen mit Mehrfachsammelschienen werden in der gleichen Weise wie bei der Phasenvergleichung zwischen Generator und Sammelschienen besondere Hilfskontakte an den Trennschaltern benutzt, die die zugehörige Parallelschalt- einrichtung nebst Signallampe zwangläufig ein- und ausschalten. Zum Parallelschalten der verschiedenen Sammelschienensysteme sind auch hierbei keine besonderen Einrichtungen erforderlich, da man die Parallelschaltung wieder durch unmittelbares Ver- gleichen der an die verschiedenen Sammelschienen angeschlossenen Generatoren ausführen kann.

Die Phasenvergleichung an den Schalterkontakten ist beson- ders für Anlagen mit Mehrfachsammelschienensystem vorteilhaft. Sie vermeidet alle Unsicherheiten, die durch die vielfachen Schaltmöglichkeiten entstehen dadurch, daß die Phasenvergleichung unmittelbar an dem die Parallelschaltung vollziehenden Maschinenschalter, also vor den Abzweigungen nach den einzelnen Sammelschienensystemen, erfolgt. Sind die Spannungen an diesem Schalter phasengleich, so kann die Parallelschaltung ganz unabhängig von der jeweiligen Schaltung der Sammelschienen erfolgen. Zum Parallelschalten der verschiedenen Sammelschienensysteme ist hierbei eine besondere Einrichtung erforderlich, die in gleicher Weise wie die Parallelschalteinrichtungen der einzelnen Maschinen ausgeführt wird. Dem Vorteil der großen Einfachheit dieser Schaltung steht der Nachteil gegenüber, daß für jede Maschine zwei Satz Spannungswandler erforderlich sind. Dieser Nachteil ist jedoch für mittlere Spannungen nicht erheblich, da hierbei die Kosten der Spannungswandler gegenüber den Kosten der ganzen Anlage nicht mehr ins Gewicht fallen. Bei Anlagen mit hoher Spannung, bei denen immer ein Generator zusammen mit einem Hochspannungstransformator eine Schalteinheit bildet und bei denen demgemäß sämtliche Ausschalter hinter den Transformatoren auf der Oberspannungsseite liegen, sind indessen die Kosten und der Raumbedarf der Spannungswandler sehr erheblich, da dann sämtliche Spannungswandler für die hohe Sammelschienenspannung ausgeführt werden müssen. Man wird daher in diesem Falle die Phasenvergleichung zwischen Generator und Generator vorziehen.

2. Phasenvergleichung zwischen Generator und Sammelschienen.

a) Schaltungen mit Nullspannungsmesser für Dunkelschaltung.

Schaltbild 1 zeigt die einfachste Parallelschalteinrichtung mit Nullspannungsmesser und Phasenlampen in Dunkelschaltung. Die Schaltung ist für Spannungen bis 250 Volt bestimmt. Der Instrumentsatz besteht aus einem Doppelfrequenzmesser, einem Doppelspannungsmesser, einem Nullspannungsmesser und zwei Phasenlampen P_1 und P_2. Nullspannungsmesser und Phasenlampen sind hierbei für die einfache Netzspannung zu bemessen. Die Verteilung der resultierenden Spannung auf zwei Phasenlampen ist bei der direkten Schaltung erforderlich, da man eine unmittelbare Verbindung der Hauptsammelschienen mit den Hilfssammelschienen wegen der Vergrößerung der Kurzschlußgefahr in keinem Falle zulassen kann. Um eine gleiche Verteilung der Spannung auf die beiden in Reihe geschalteten Phasenlampen zu erreichen, ist parallel zur Phasenlampe P_2 ein Ergänzungswiderstand R eingeschaltet, der den gleichen Wattverbrauch wie der Nullspannungsmesser aufweist. Bei Verwendung der früheren überlastbaren Nullspannungsmesser kann man unter Umständen auf diesen Ergänzungswiderstand R verzichten, da der Eigenverbrauch dieser Instrumente gegenüber dem der Phasenlampe vernachlässigt werden kann. Benutzt man dagegen den auf S. 31 beschriebenen Nullspannungsmesser mit Vorschaltglühlampe, so kann der Ergänzungswiderstand R keinesfalls weggelassen werden, da der Eigenverbrauch dieses Nullspannungsmessers ebenso groß ist, wie der der parallel zu ihm liegenden Phasenlampe. Für die Bemessung des erforderlichen Ergänzungswiderstandes muß man außer dem Wattverbrauch auch noch die Widerstandsänderung des Nullspannungsmessers berücksichtigen. Dies geschieht in einfachster Weise dadurch, daß man als Ersatzwiderstand R eine gleiche Glühlampe wie die Vorschaltglühlampe des Nullspannungsmessers verwendet. Zur Betätigung der Schalteinrichtung ist für die ganze Anlage nur ein zweipoliger Stecker erforderlich, der in den Steckkontakt der zuzuschaltenden Maschine eingeführt wird.

Schaltbild 2 zeigt eine halbindirekte Schaltung mit Nullspannungsmesser und Phasenlampe in Dunkelschaltung. Die Schaltung ist, ebenso wie Schaltung 1, für Spannungen bis 250 Volt bestimmt. Sie unterscheidet sich von Schaltung 1 dadurch, daß zwischen die Sammelschienen und die Meßeinrichtung ein im Verhältnis 1 : 1 übersetzender Isoliertransformator eingeschaltet ist. Durch die Zwischenschaltung des Isoliertransformators werden die Sammelschienen elektrisch vollkommen von der Meßschaltung getrennt und es wird ermöglicht, die Meßschaltung in gleicher Weise wie die indirekte Schaltung (vgl. Schaltbild 3) mit einer einpoligen Verbindung auszuführen. Es ist dann nur eine Phasenlampe erforderlich. Die unsichere Verteilung der Spannung auf zwei Phasenlampen wird somit hierbei vermieden. Am Nullspannungsmesser und an der Phasenlampe tritt dann die ungeteilte Spannung, also die doppelte Netzspannung auf. Die Sekundärwickelung des Isoliertransformators darf nicht geerdet werden, da man durch die Erdung einen Pol der Anlage an Erde legen würde. Zur Betätigung der Schalteinrichtung ist ebenso wie bei Schaltbild 1 nur ein zweipoliger Stecker erforderlich, der in den Steckkontakt der zuzuschaltenden Maschine eingeführt wird.

Schaltbild 3 zeigt die indirekte Schaltung mit Nullspannungsmesser. Der Instrumentsatz ist der gleiche wie bei Schaltbild 2. Der Nullspannungsmesser und die Phasenlampe sind für die doppelte Sekundärspannung der Spannungswandler, also für $2 \cdot 110$ Volt zu bemessen. An den Trennschaltern der Maschinen sind bei dieser Schaltung Hilfskontakte angebracht, die die Parallelschalteinrichtung bei ausgeschalteten Trennschaltern unterbrechen. Hierdurch wird verhütet, daß abgeschaltete Maschinen bei versehentlichem falschen Stöpseln durch Rücktransformierung des zugehörigen Spannungswandlers unter Spannung gesetzt werden. Zur Bedienung der Parallelschalteinrichtung ist ebenso wie bei den Schaltbildern 1 und 2 nur ein zweipoliger Stecker erforderlich, der in den Steckkontakt der zuzuschaltenden Maschine eingeführt wird.

Schaltbild 4 zeigt die indirekte Schaltung mit Nullspannungsmesser bei Mehrfachsammelschienen. Der Instrumentsatz ist der gleiche wie bei Schaltbild 3. Durch die auf der rechten Seite des Schaltbildes angegebene Steckeinrichtung können die beiden Sammelschienensysteme wahlweise auf die Parallelschalt-einrichtung geschaltet werden. Beim Einführen des Steckers leuchtet stets eine dem gewählten Sammelschienensystem ent-sprechende farbige Signallampe auf. An den Steckvorrichtungen der Maschinen sind ebenfalls farbige Signallampen angebracht, die aber durch die Hilfskontakte an den Trennschaltern ein-geschaltet werden. Man kann daher an der Farbe der brennenden Signallampen stets von vornherein erkennen, welche Sammel-schienen an die Meßeinrichtung angeschlossen sind. Ein ver-sehentliches Schalten auf falsche Sammelschienen ist somit kaum noch möglich. Gleichzeitig mit der Signalgebung erfüllen die Hilfskontakte noch den gleichen Zweck wie bei Schaltbild 3. Zur Bedienung der ganzen Anlage ist ein kurzer und ein langer zweipoliger Stecker erforderlich. Soll eine Maschine neu in Betrieb genommen werden, sind die Stecker so zu stecken, daß an der Maschinen- und an der Sammelschienen-Steckeinrichtung die gleichfarbigen Lampen leuchten. Sollen dagegen die verschiedenen Sammelschienensysteme parallel geschaltet werden, so vergleicht man eine an dem einen Sammelschienensystem bereits laufende Maschine mit dem anderen Sammelschienensystem. In diesem Falle müssen daher verschiedenfarbige Lampen brennen. Etwaige von einem fremden Kraftwerk kommende Speiselei-tungen werden in gleicher Weise geschaltet wie die einzelnen Maschinen.

b) Schaltungen mit Summenspannungsmesser, für Hellschaltung.

Schaltbild 5 zeigt die direkte Schaltung mit Summenspan-nungsmesser und Phasenlampen in Hellschaltung für Anlagen bis 250 Volt Netzspannung. Der Instrumentsatz besteht aus einem Doppelfrequenzmesser, einem als Summenspannungsmesser die-nenden Doppelspannungsmesser (vgl. S. 33), zwei Phasenlampen P_1 und P_2, sowie einem Ersatzwiderstand R. Der Summen-spannungsmesser und die Phasenlampen sind hierbei für die ein-fache Netzspannung zu bemessen. Die Verteilung der Summen-spannung auf zwei Phasenlampen ist hier aus demselben Grunde wie bei Schaltung 1 erforderlich. Sie ist jedoch bei der Hell-schaltung deshalb besonders unangenehm, da hierbei die Meß-genauigkeit des Summenspannungsmessers unmittelbar von der Verteilung der Spannung beeinflußt wird. Der Ersatzwiderstand

R muß daher genau den gleichen Widerstand wie das als Summenspannungsmesser benutzte Meßsystem des Doppelspannungsmessers besitzen. Zur Betätigung der Schalteinrichtung ist für die ganze Anlage wieder nur ein zweipoliger Stecker erforderlich, der in den Steckkontakt der zuzuschaltenden Maschine eingeführt wird.

Schaltbild 6 zeigt eine halbindirekte Schaltung mit Summenspannungsmesser, ebenfalls für Anlagen bis 250 Volt Netzspannung. Durch die Zwischenschaltung des Isoliertransformators werden ebenso wie bei Schaltbild 2 die Sammelschienen elektrisch vollkommen von der Meßschaltung getrennt, so daß bei Vermeidung jeder Kurzschlußgefahr die denkbar einfachste Schaltung erreicht wird. Man kann hierbei ohne weiteres die Hilfssammelschienen einpolig mit der transformierten Netzspannung verbinden. Man erzielt auf diese Weise eine größere Meßgenauigkeit, da der Summenspannungsmesser die ungeteilte Spannung anzeigt und kommt mit nur einer parallel zum Summenspannungsmesser angeschlossenen Phasenlampe aus. Phasenlampe und Summenspannungsmesser sind hierbei für die doppelte Netzspannung zu bemessen. Um einen normalen Doppelspannungsmesser als Summenspannungsmesser zu benutzen, muß man vor das an die Summenspannung angelegte Meßsystem einen Ergänzungswiderstand *R* schalten, der den gleichen Widerstandswert wie das Meßsystem besitzt. Die Schalteinrichtung wird ebenso wie die vorhergehenden nur mit einem zweipoligen Stecker betätigt, der in den Steckkontakt der zuzuschaltenden Maschine eingeführt wird.

Schaltbild 7 ist lediglich eine vollkommenere Ausführung der in Schaltbild 6 angegebenen halbindirekten Schaltung. Während man beim Parallelschalten nach Schaltbild 6 die Spannung des zuzuschaltenden Generators durch den nur kurzzeitig auftretenden Höchstwert der Summenspannung mißt, ist bei Schaltbild 7 ein besonderer Umschalter vorgesehen, durch den der Summenspannungsmesser zeitweilig als Doppelspannungsmesser geschaltet wird. Steht der doppelpolige Umschalter in der Schaltstellung *S*, so ist der Summenspannungsmesser über den Vorschaltwiderstand *R* an die Summenspannung angeschlossen. Gleichzeitig ist die Phasenlampe eingeschaltet, so daß beim Höchstwert des Ausschlages die Phasenlampe voll brennt und somit das Achtungssignal zum Einschalten gibt. Ist dagegen der Umschalter auf die Stellung M geschaltet, so liegt der Summenspannungsmesser ohne Vorschaltwiderstand an der Spannung der zuzuschaltenden Maschine. Da der Zeigerausschlag jetzt dauernd bestehen bleibt, kann die Spannung der zuzuschaltenden Maschine sicherer eingestellt werden. Eine Verwechslung der beiden Schaltstellungen, die zu einem falschen Schalten führen könnte, ist hierbei nicht möglich, da im letztgenannten Falle die Phasenlampe ausgeschaltet ist.

Schaltbild 8 zeigt die indirekte Schaltung mit Summenspannungsmesser. Der Instrumentsatz ist der gleiche wie bei Schaltbild 6. Da an dem als Summenspannungsmesser benutzten Meßsystem ebenso wie an der Phasenlampe die doppelte Sekundärspannung der Spannungswandler, also 2×110 Volt, auftritt, muß vor das Meßsystem des Summenspannungsmessers wieder ein Vorschaltwiderstand R vorgeschaltet werden, der den gleichen Widerstand besitzt wie das zu ihm gehörige Meßsystem. Die Trennschalter der Maschinen sind in gleicher Weise wie bei Schaltung 3 zur Vermeidung einer gefährlichen Rücktransformierung mit Hilfskontakten versehen. Zur Betätigung der Parallelschalteinrichtung ist für die ganze Anlage nur ein zweipoliger Stecker erforderlich, der in den Steckkontakt der zuzuschaltenden Maschine eingeführt wird.

Schaltbild 9 zeigt endlich die indirekte Schaltung mit Summenspannungsmesser bei Mehrfachsammelschienen. Der Instrumentsatz ist der gleiche wie bei Schaltbild 8. Die Anordnung der Schaltung ist bis auf die für die Hellschaltung erforderliche Überkreuzung der Sekundärleitungen der Sammelschienentransformatoren dieselbe, wie bei dem vorher beschriebenen Schaltbild 4. Zur Bedienung der ganzen Anlage ist ein kurzer und ein langer zweipoliger Stecker erforderlich.

c) Schaltungen mit Lampenapparat.

Schaltbild 10 zeigt eine direkte Schaltung mit Lampenapparat in Dunkelschaltung und mit Nullspannungsmesser. Die Schaltung ist für Spannungen bis etwa 250 Volt anwendbar. Der Instrumentsatz besteht aus einem Doppelfrequenzmesser, einem Doppelspannungsmesser, dem Lampenapparat und dem Nullspannungsmesser. Um zu vermeiden, daß durch den Nullspannungsmesser die Spannungen ungleich verteilt werden, sind in die beiden anderen Zweige Ersatzwiderstände R einzuschalten, die den gleichen Energieverbrauch und annähernd die gleiche Widerstandsänderung aufweisen wie der Nullspannungsmesser. Man verwendet hierzu zweckmäßig die gleichen Lampen, wie sie als Vorschaltlampen für den Nullspannungsmesser benutzt werden. Alle Lampen und der Nullspannungsmesser sind für die doppelte Phasenspannung, also für das 1,15fache der Netzspannung zu bemessen. Zur betriebsmäßigen Bedienung der Parallelschalteinrichtung ist ein dreipoliger Stecker erforderlich, der in den Steckkontakt der zuzuschaltenden Maschine eingeführt wird. Nach erfolgter Synchronisierung wird der Lampenapparat nebst dem Nullspannungsmesser durch einen dreipoligen Schalter ausgeschaltet.

Schaltbild 11 zeigt die indirekte Schaltung mit Lampenapparat in Dunkelschaltung und Nullspannungsmesser. Der Instrumentsatz ist genau der gleiche wie bei dem vorher beschriebenen Schaltbild 10. Die Lampen und der Nullspannungsmesser sind für 1,15 × 110, also für 127 Volt bemessen. Um eine einwandfreie Erdung der Sekundärseite der Spannungswandler zu ermöglichen und dabei trotzdem die für den Lampenapparat erforderliche Trennung aller Leitungen aufrecht zu erhalten, ist hinter dem Sammelschienenspannungswandler ein besonderer Isoliertransformator JT eingeschaltet, der im Verhältnis 1 : 1 übersetzt. Zur Betätigung der Parallelschalteinrichtung ist für die ganze Anlage nur ein zweipoliger Stecker erforderlich, der in den Steckkontakt der zuzuschaltenden Maschine eingeführt wird.

Schaltbild 12 zeigt die indirekte Schaltung mit Lampenapparat in Hellschaltung und Summenspannungsmesser. Der Instrumentsatz besteht aus einem Doppelfrequenzmesser, einem als Summenspannungsmesser dienenden Doppelspannungsmesser (vgl. S. 33) und dem Lampenapparat. Die Lampen des Lampenapparates sind wieder für 1,15 × 110 = 127 Volt zu bemessen. Die gleiche Spannung tritt an dem als Summenspannungsmesser benutzten Meßsystem auf. Um es zu erreichen, daß bei Phasengleichheit die beiden Zeiger des Doppelspannungsmessers auf dem gleichen Wert, 110 Volt, stehen, ist vor das als Phasenmesser geschaltete Meßsystem ein besonderer Vorschaltwiderstand R gelegt, der 15% der Spannung vernichtet. Die für die Hellschaltung erforderliche Überkreuzung der Leitungen ist auf der Sekundärseite des Isoliertransformators JT vorgenommen worden. Im übrigen ist die Schaltung die gleiche wie bei dem vorhergehenden Schaltbild 11. Zur Bedienung der ganzen Anlage ist ein zweipoliger Stecker erforderlich, der in den Steckkontakt der zuzuschaltenden Maschine eingeführt wird.

d) Schaltungen mit Synchronoskop.

Schaltbild 13 zeigt die direkte Schaltung mit Siemens-Synchronoskop und Phasenlampen in Dunkelschaltung. Die Schaltung ist für Spannungen bis 250 Volt bestimmt. Der Instrumentsatz besteht aus einem Doppelfrequenzmesser, einem Doppelspannungsmesser, einem Synchronoskop und zwei Phasenlampen. Das Synchronoskop und die Phasenlampen sind für die einfache Netzspannung zu bemessen. Vor das Synchronoskop muß stets ein besonderer Ausschalter eingebaut werden, da der Apparat erst dann eingeschaltet werden darf, wenn die Frequenzabweichungen zwischen Generator und Netz nicht mehr als 5% betragen. Zur Bedienung der ganzen Anlage ist nur ein zweipoliger Stecker erforderlich, der in den Steckkontakt der zuzuschaltenden Maschine eingeführt wird.

Schaltbild 14 zeigt die indirekte Schaltung mit Siemens-Synchronoskop und Phasenlampe in Dunkelschaltung. Der Instrumentsatz besteht wieder aus einem Doppelfrequenzmesser, einem Doppelspannungsmesser und einem Synchronoskop. Da alle Meßwandler durch die Erdleitung einpolig verbunden sind, ist nur eine Phasenlampe erforderlich, die für die doppelte Sekundärspannung der Spannungswandler, also für 2×110 Volt, zu bemessen ist. Das Synchronoskop ist dagegen nur für 110 Volt zu wählen. Der Ausschalter vor dem Synchronoskop ist in diesem Falle nur zweipolig, da die an Erde liegenden Leitungen dauernd eingeschaltet bleiben. Die an den Trennschaltern angebrachten Hilfskontakte verhüten, daß abgeschaltete Maschinen bei versehentlichem falschen Stöpseln durch Rücktransformierung des zugehörigen Spannungswandlers unter Spannung gesetzt werden. Zur betriebsmäßigen Bedienung der ganzen Anlage ist nur ein zweipoliger Stecker erforderlich, der in den Steckkontakt der zuzuschaltenden Maschine eingeführt wird.

Schaltbild 15 zeigt die indirekte Schaltung mit Siemens-Synchronoskop und Phasenlampe in Dunkelschaltung bei Doppelsammelschienen: Der Instrumentsatz ist hierbei der gleiche wie bei dem vorherbeschriebenen Schaltbild 14. Entsprechend den zwei Sammelschienen sind zwei Satz Sammelschienentransformatoren erforderlich, die mittels zweier Steckeinrichtungen wahlweise auf den Instrumentsatz geschaltet werden. Beim Einführen des Steckers leuchtet stets die dem gewählten Sammelschienensystem entsprechende farbige Signallampe auf. An den Steckvorrichtungen der Maschinen sind ebenfalls farbige Signallampen angebracht, die aber durch die Hilfskontakte an den Trennschaltern eingeschaltet werden. Man kann daher an der Farbe der brennenden Signallampen stets von vornherein erkennen, welche Sammelschienen an die Meßeinrichtung angeschlossen sind. Ein versehentliches Schalten auf falsche Sammelschienen ist somit kaum noch möglich. Gleichzeitig mit der Signalgebung erfüllen die Hilfskontakte noch den gleichen Zweck wie bei Schaltbild 14. Zur Bedienung der ganzen Anlage ist ein kurzer zweipoliger und ein dreipoliger Stecker erforderlich. Soll eine Maschine neu in Betrieb genommen werden, so sind die Stecker so zu stecken, daß an der Maschinen- und an der Sammelschienen-Steckeinrichtung gleichfarbige Lampen leuchten. Sollen dagegen verschiedene Sammelschienensysteme parallel geschaltet werden, so vergleicht man eine an dem einen Sammelschienensystem bereits laufende Maschine mit dem anderen Sammelschienensystem. In diesem Falle müssen daher verschiedenfarbige Lampen leuchten. Etwaige von einem fremden Kraftwerk kommende Speiseleitungen werden in der gleichen Weise geschaltet wie die einzelnen Maschinen.

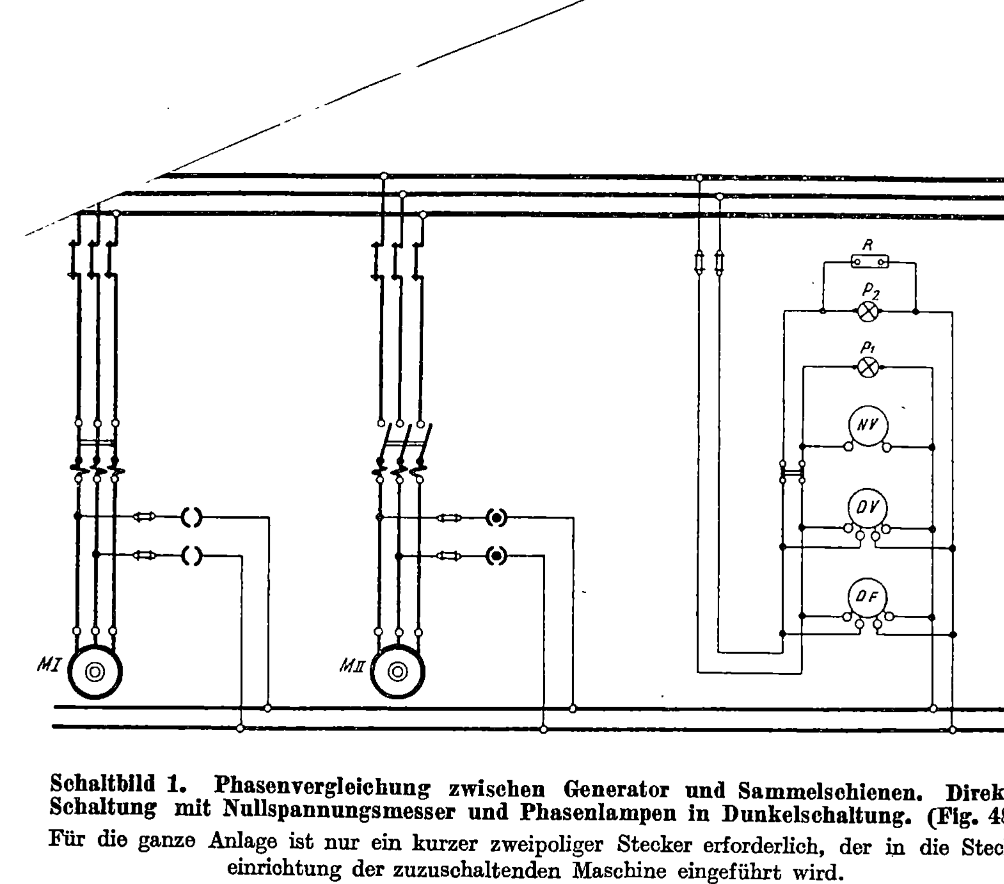

Schaltbild 1. Phasenvergleichung zwischen Generator und Sammelschienen. Direkte Schaltung mit Nullspannungsmesser und Phasenlampen in Dunkelschaltung. (Fig. 48)
Für die ganze Anlage ist nur ein kurzer zweipoliger Stecker erforderlich, der in die Steck-einrichtung der zuzuschaltenden Maschine eingeführt wird.

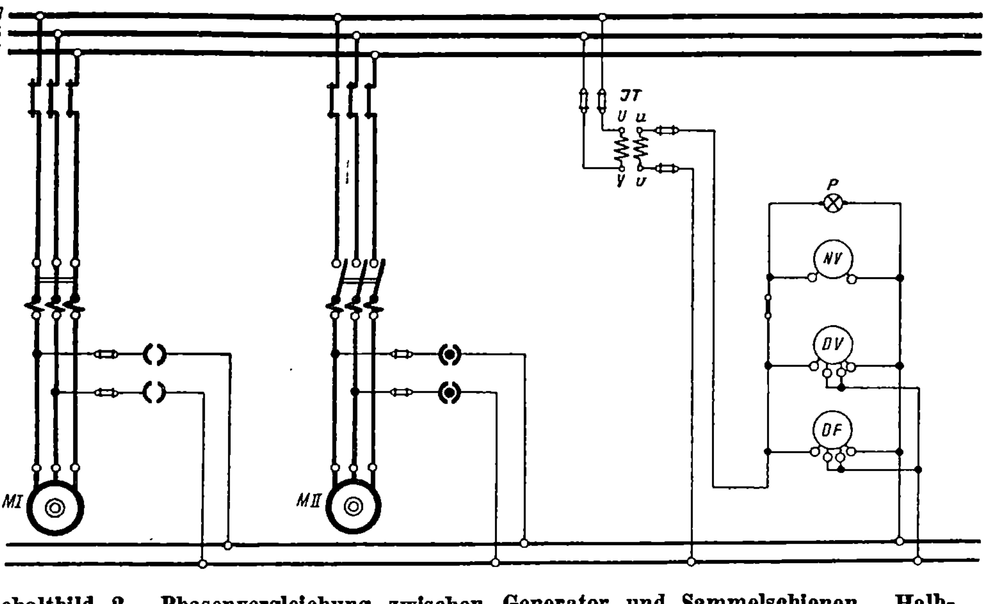

Schaltbild 2. Phasenvergleichung zwischen Generator und Sammelschienen. Halb-indirekte Schaltung mit Nullspannungsmesser und Phasenlampe in Dunkelschaltung.
(Fig. 49)

Für die ganze Anlage ist nur ein kurzer zweipoliger Stecker erforderlich, der in die Steckeinrichtung der zuzuschaltenden Maschine eingeführt wird.

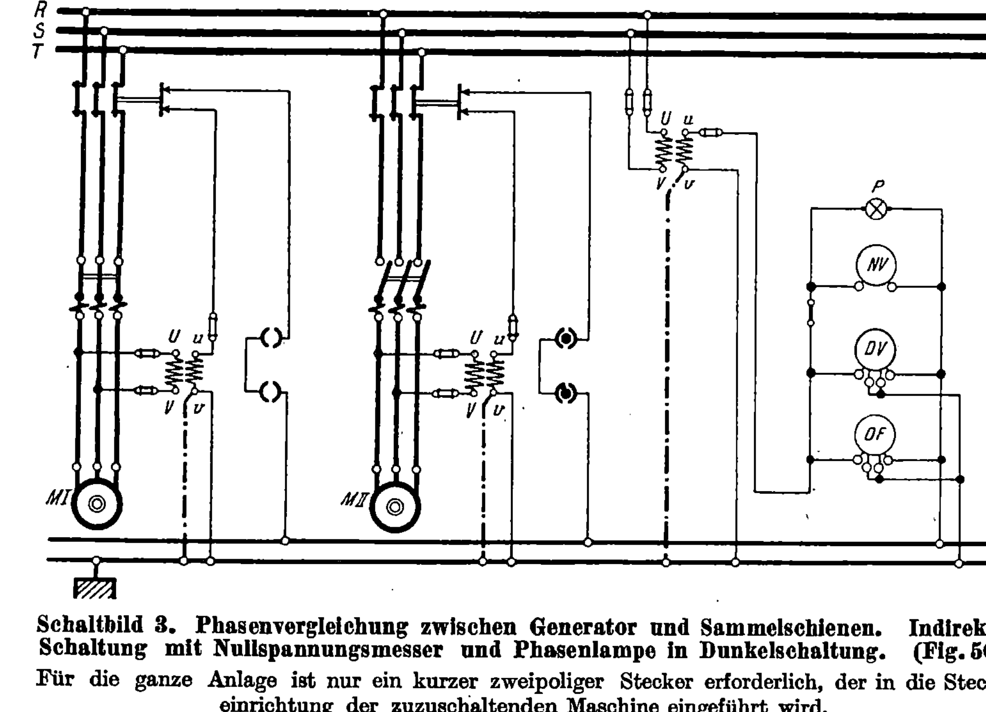

Schaltbild 3. Phasenvergleichung zwischen Generator und Sammelschienen. Indirekte Schaltung mit Nullspannungsmesser und Phasenlampe in Dunkelschaltung. (Fig. 50)

Für die ganze Anlage ist nur ein kurzer zweipoliger Stecker erforderlich, der in die Steckeinrichtung der zuzuschaltenden Maschine eingeführt wird.

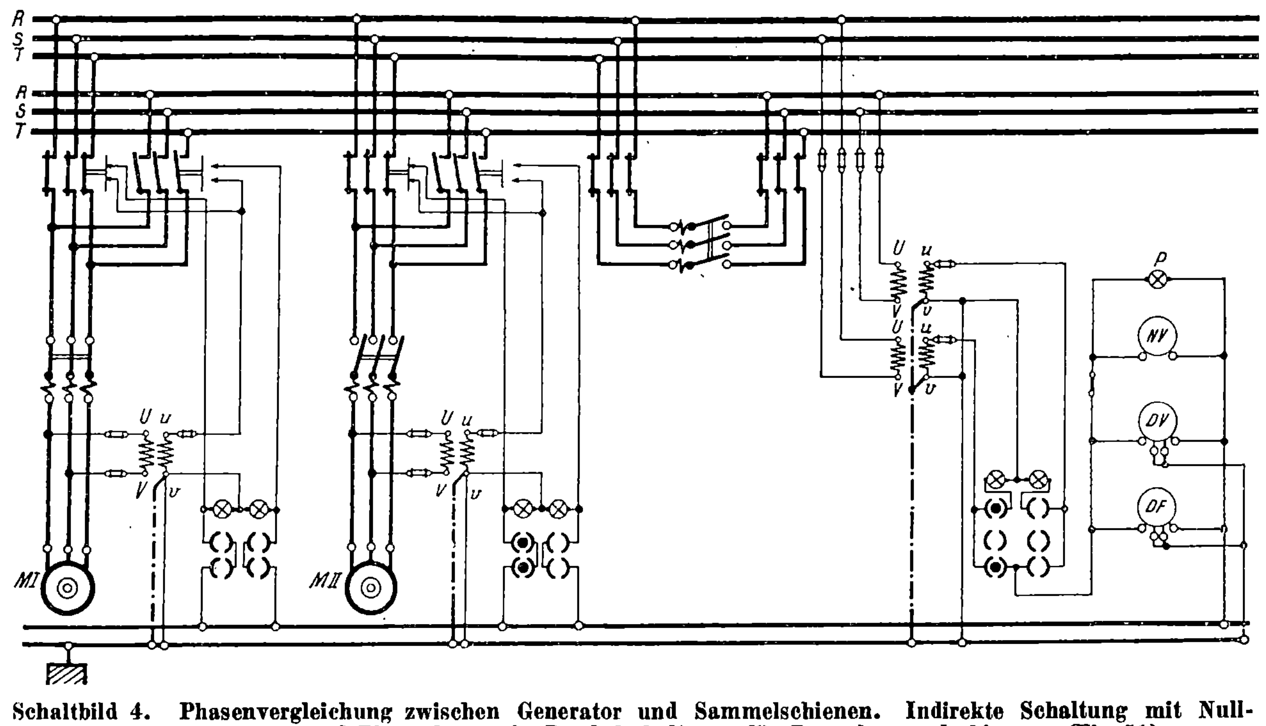

Schaltbild 4. Phasenvergleichung zwischen Generator und Sammelschienen. Indirekte Schaltung mit Null-spannungsmesser und Phasenlampe in Dunkelschaltung; für Doppelsammelschienen. (Fig. 51)

Für die ganze Anlage ist ein kurzer und ein langer zweipoliger Stecker erforderlich. Der kurze Stecker wird in die Steckeinrichtung der zuzuschaltenden Maschine, der lange in die des gewünschten Sammelschienensystems eingeführt

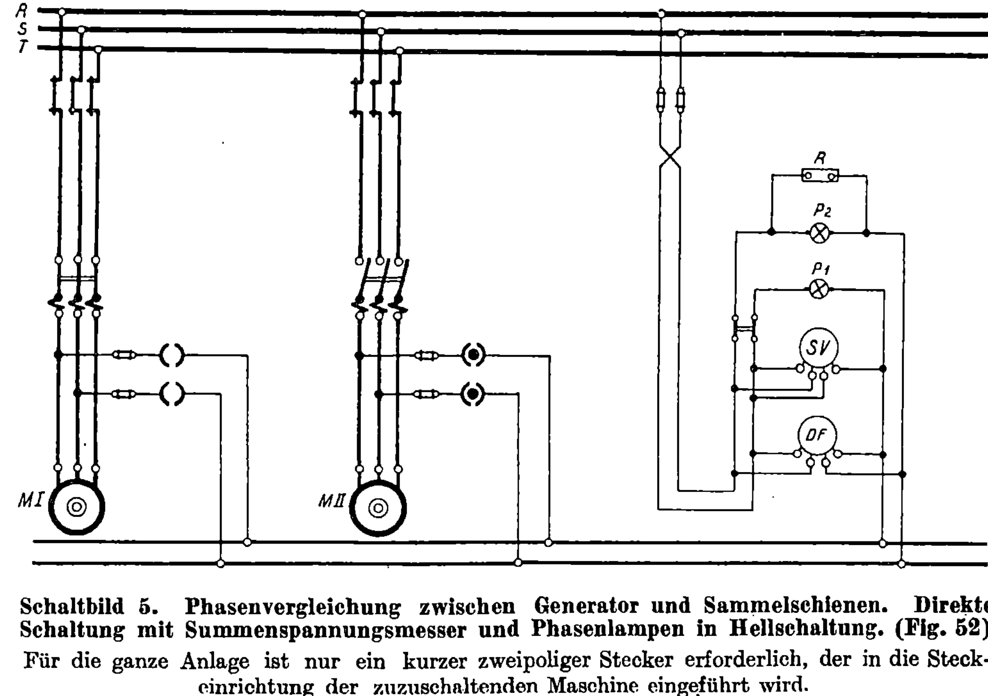

Schaltbild 5. Phasenvergleichung zwischen Generator und Sammelschienen. Direkte Schaltung mit Summenspannungsmesser und Phasenlampen in Hellschaltung. (Fig. 52) Für die ganze Anlage ist nur ein kurzer zweipoliger Stecker erforderlich, der in die Steckeinrichtung der zuzuschaltenden Maschine eingeführt wird.

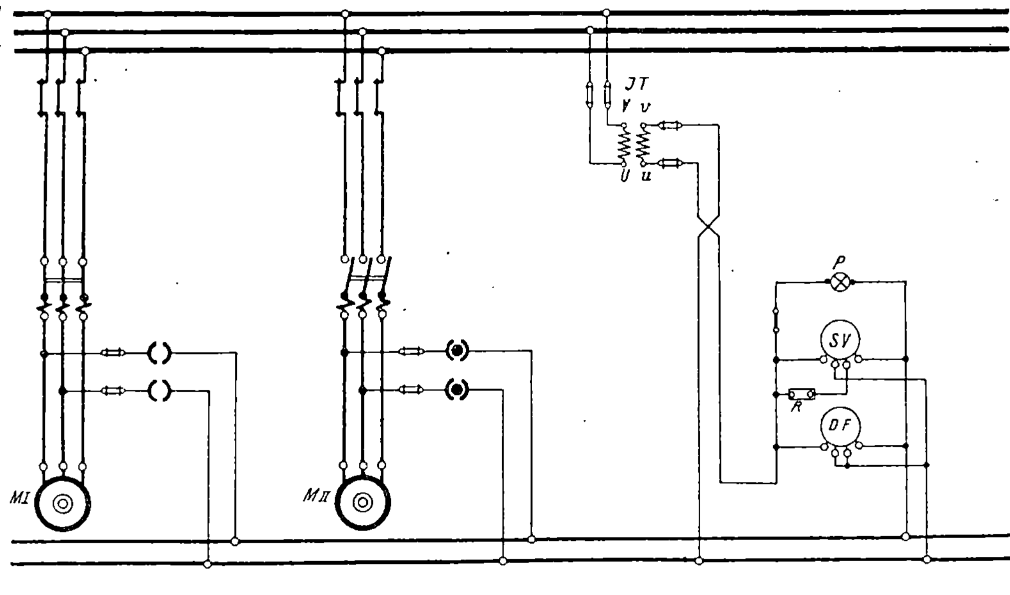

Schaltbild 6. Phasenvergleichung zwischen Generator und Sammelschienen. Halbindirekte Schaltung mit Summenspannungsmesser und Phasenlampe in Hellschaltung. (Fig. 53)

Für die ganze Anlage ist nur ein kurzer zweipoliger Stecker erforderlich, der in die Steck-einrichtung der zuzuschaltenden Maschine eingeführt wird.

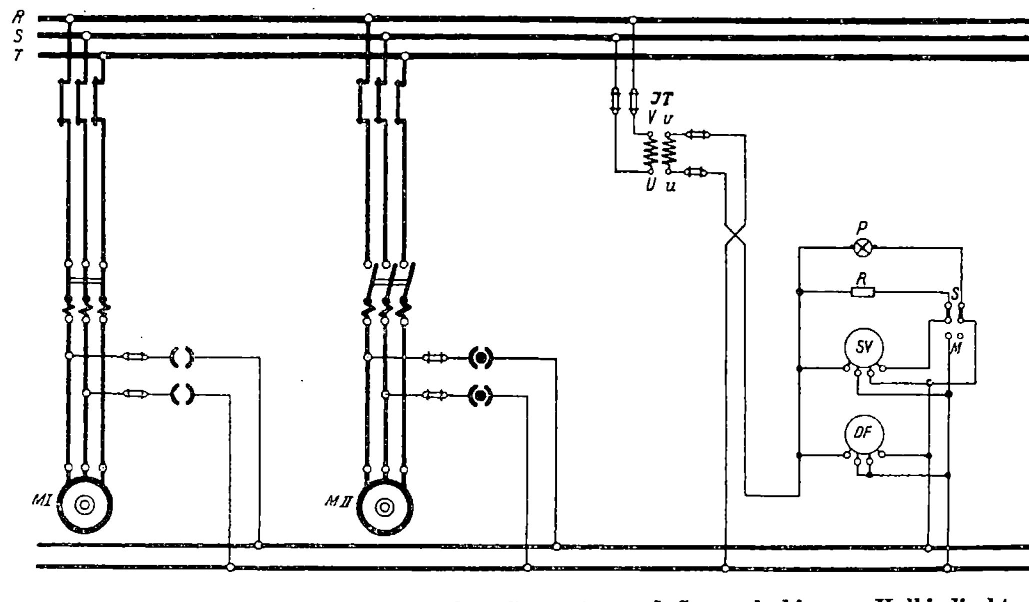

Schaltbild 7. Phasenvergleichung zwischen Generator und Sammelschienen. Halbindirekte Schaltung mit umschaltbarem Summenspannungsmesser und Phasenlampe in Hellschaltung.
(Fig. 54)

Für die ganze Anlage ist nur ein kurzer zweipoliger Stecker erforderlich, der in die Steck-einrichtung der zuzuschaltenden Maschine eingeführt wird.

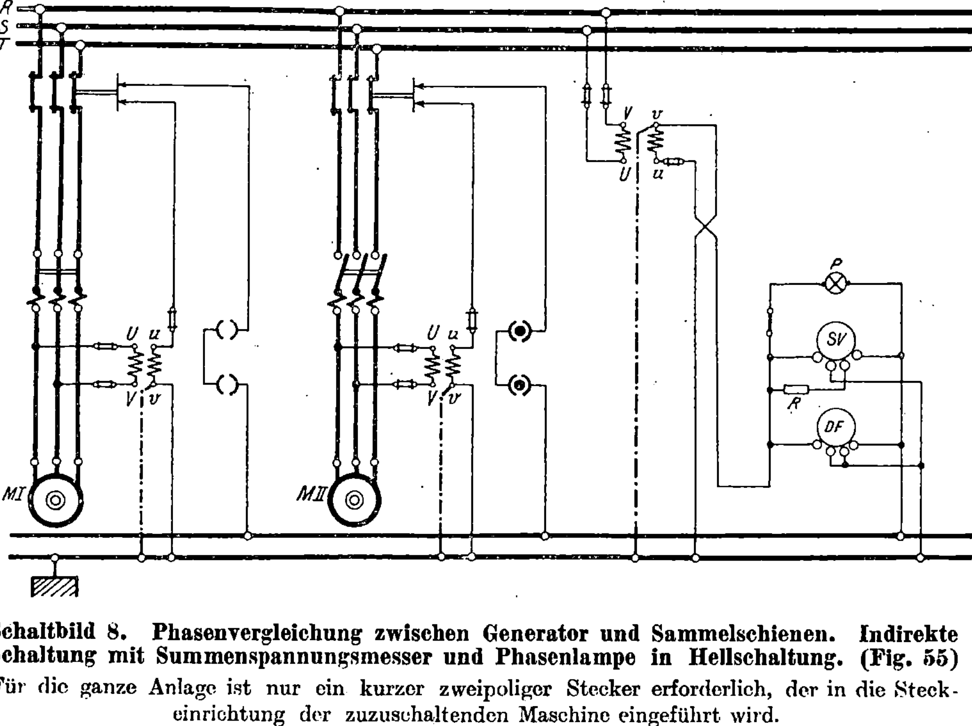

Schaltbild 8. Phasenvergleichung zwischen Generator und Sammelschienen. Indirekte Schaltung mit Summenspannungsmesser und Phasenlampe in Hellschaltung. (Fig. 55)

Für die ganze Anlage ist nur ein kurzer zweipoliger Stecker erforderlich, der in die Steck-einrichtung der zuzuschaltenden Maschine eingeführt wird.

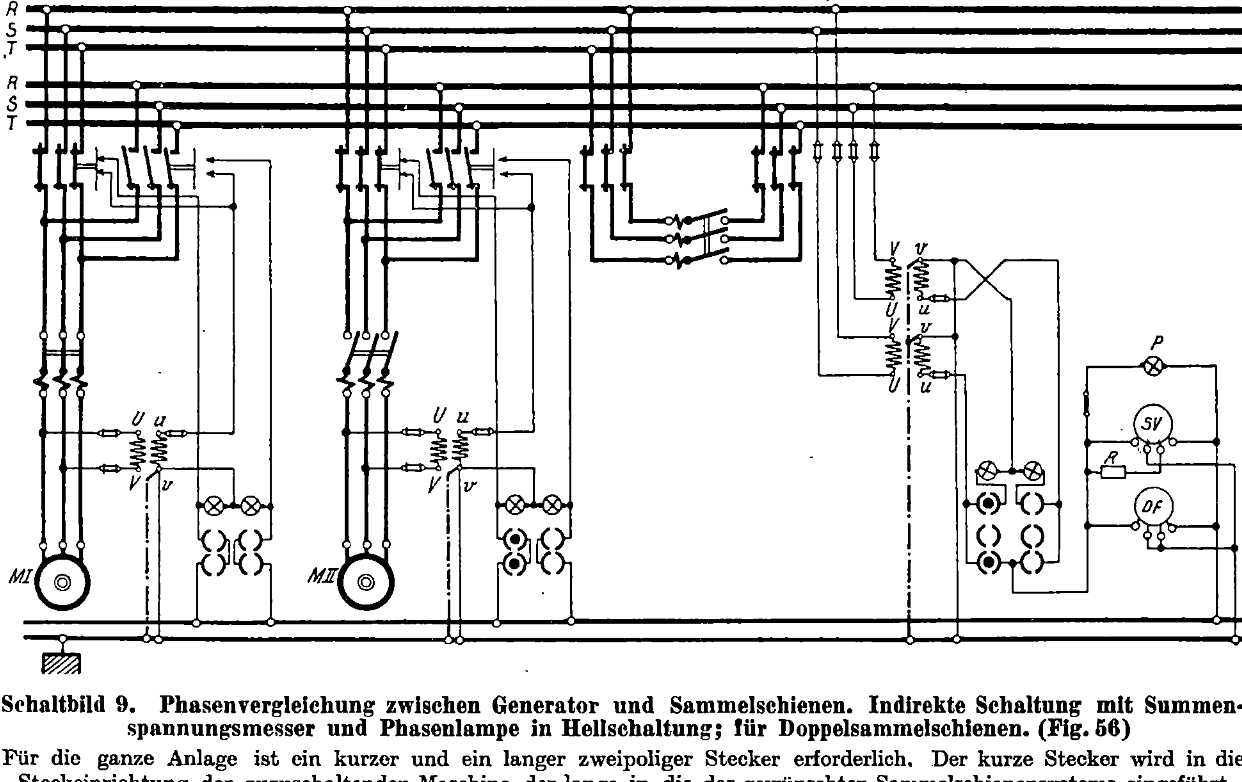

Schaltbild 9. Phasenvergleichung zwischen Generator und Sammelschienen. Indirekte Schaltung mit Summenspannungsmesser und Phasenlampe in Hellschaltung; für Doppelsammelschienen. (Fig. 56)

Für die ganze Anlage ist ein kurzer und ein langer zweipoliger Stecker erforderlich. Der kurze Stecker wird in die Steckeinrichtung der zuzuschaltenden Maschine, der lange in die des gewünschten Sammelschienensystems eingeführt.

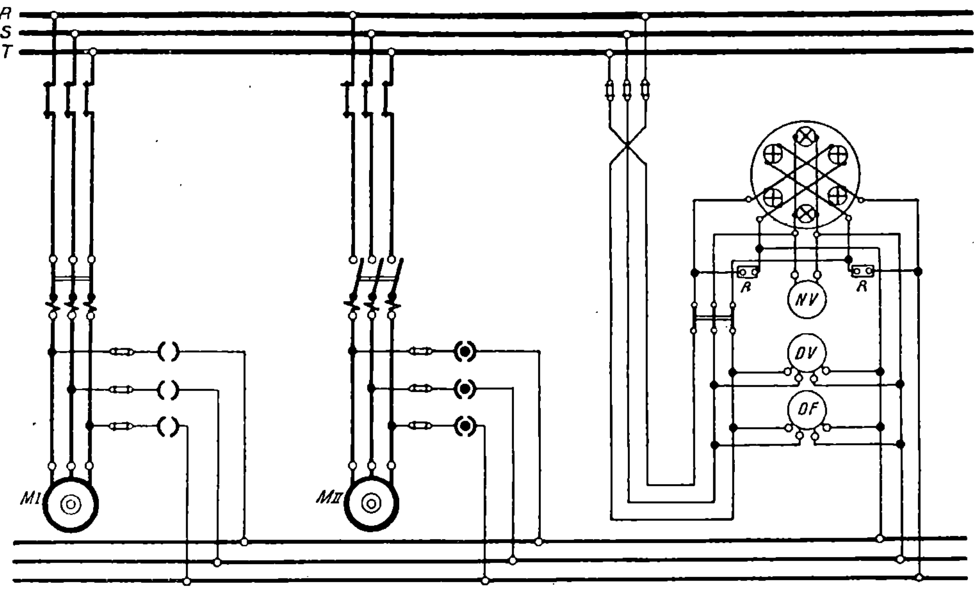

Schaltbild 10. Phasenvergleichung zwischen Generator und Sammelschienen. Direkte Schaltung mit Lampenapparat in Dunkelschaltnng und Nullspannungsmesser. (Fig. 57)

Für die Anlage ist nur ein dreipoliger Stecker erforderlich, der in die Steckeinrichtung der zuzuschaltenden Maschine eingeführt wird.

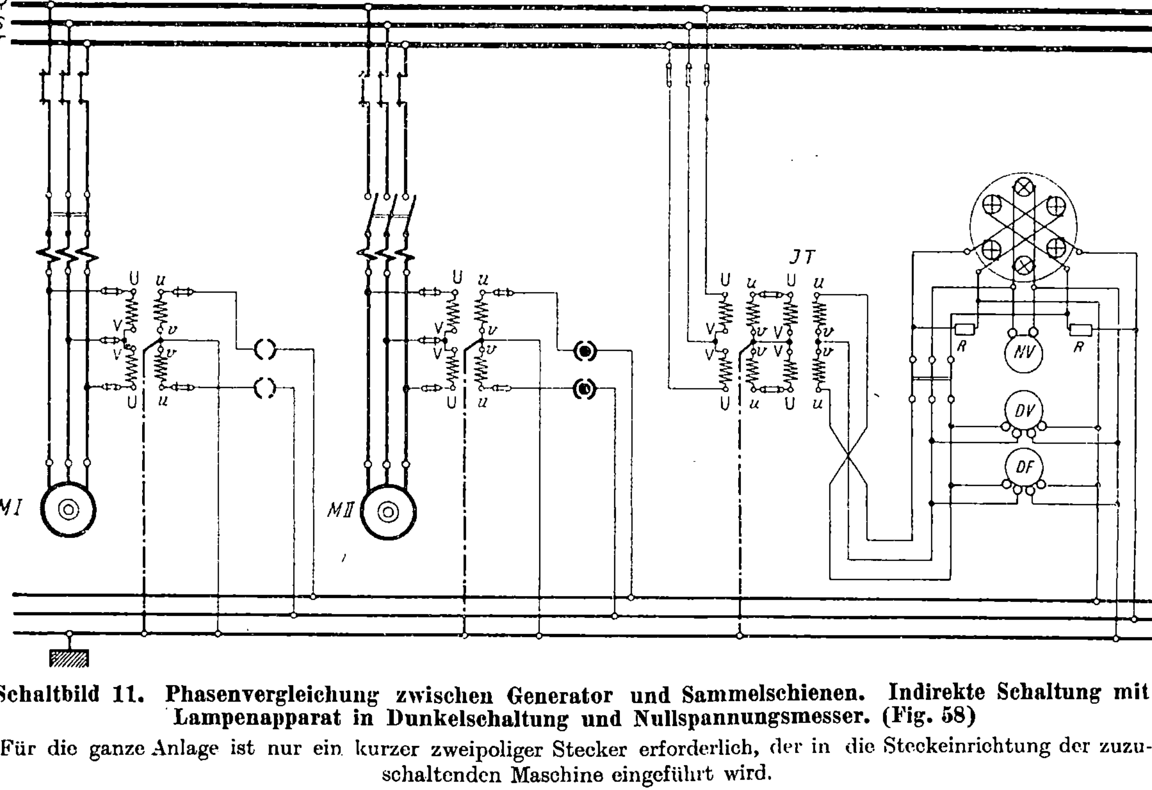

Schaltbild 11. Phasenvergleichung zwischen Generator und Sammelschienen. Indirekte Schaltung mit Lampenapparat in Dunkelschaltung und Nullspannungsmesser. (Fig. 58)

Für die ganze Anlage ist nur ein kurzer zweipoliger Stecker erforderlich, der in die Steckeinrichtung der zuzuschaltenden Maschine eingeführt wird.

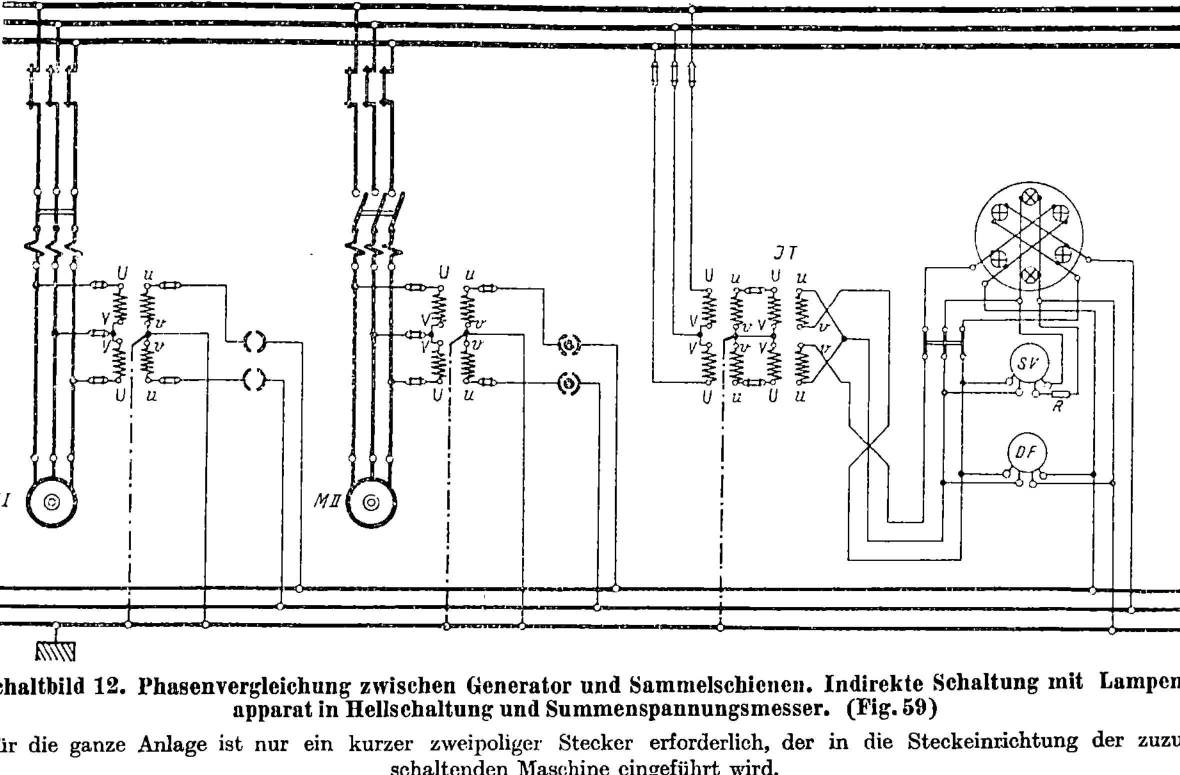

Schaltbild 12. Phasenvergleichung zwischen Generator und Sammelschienen. Indirekte Schaltung mit Lampenapparat in Hellschaltung und Summenspannungsmesser. (Fig. 59)

Für die ganze Anlage ist nur ein kurzer zweipoliger Stecker erforderlich, der in die Steckeinrichtung der zuzuschaltenden Maschine eingeführt wird.

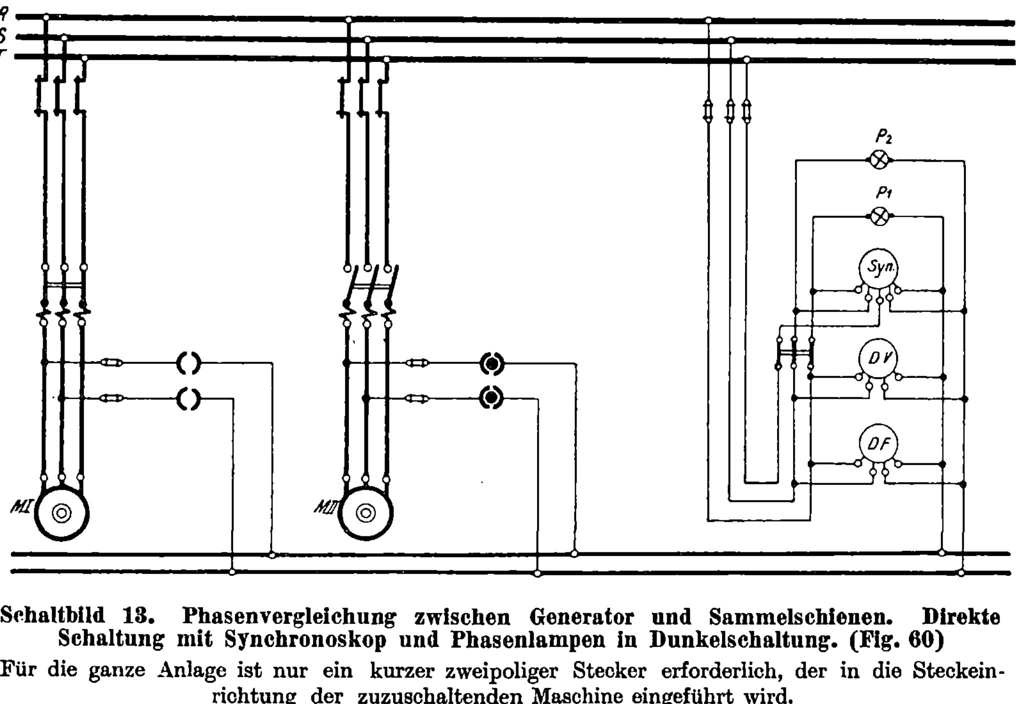

Schaltbild 13. Phasenvergleichung zwischen Generator und Sammelschienen. Direkte Schaltung mit Synchronoskop und Phasenlampen in Dunkelschaltung. (Fig. 60)

Für die ganze Anlage ist nur ein kurzer zweipoliger Stecker erforderlich, der in die Steckeinrichtung der zuzuschaltenden Maschine eingeführt wird.

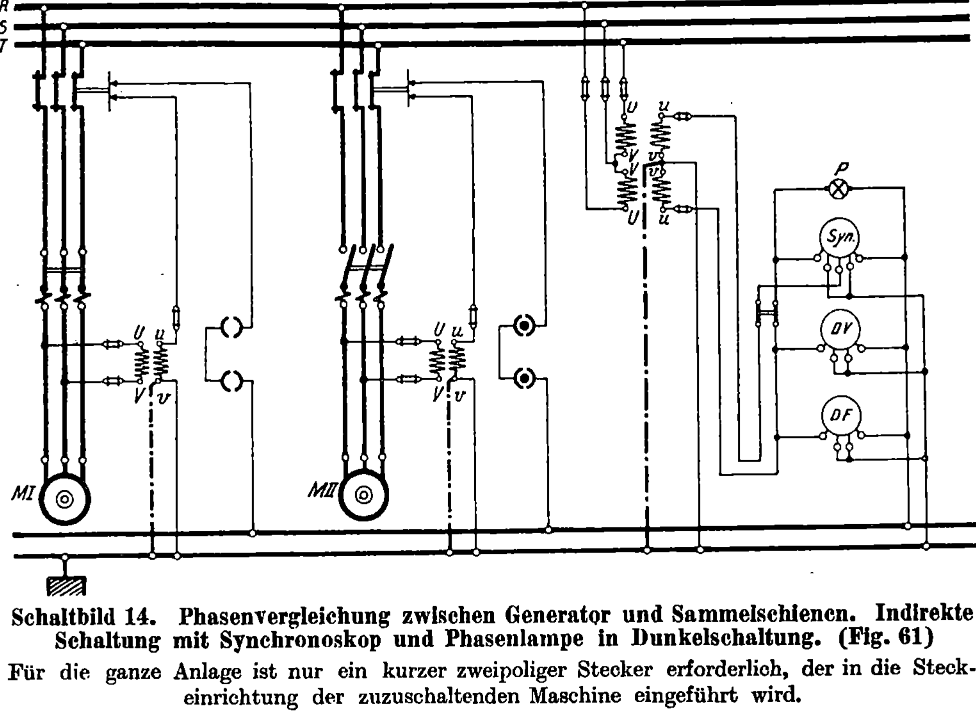

Schaltbild 14. Phasenvergleichung zwischen Generator und Sammelschienen. Indirekte Schaltung mit Synchronoskop und Phasenlampe in Dunkelschaltung. (Fig. 61)

Für die ganze Anlage ist nur ein kurzer zweipoliger Stecker erforderlich, der in die Steckeinrichtung der zuzuschaltenden Maschine eingeführt wird.

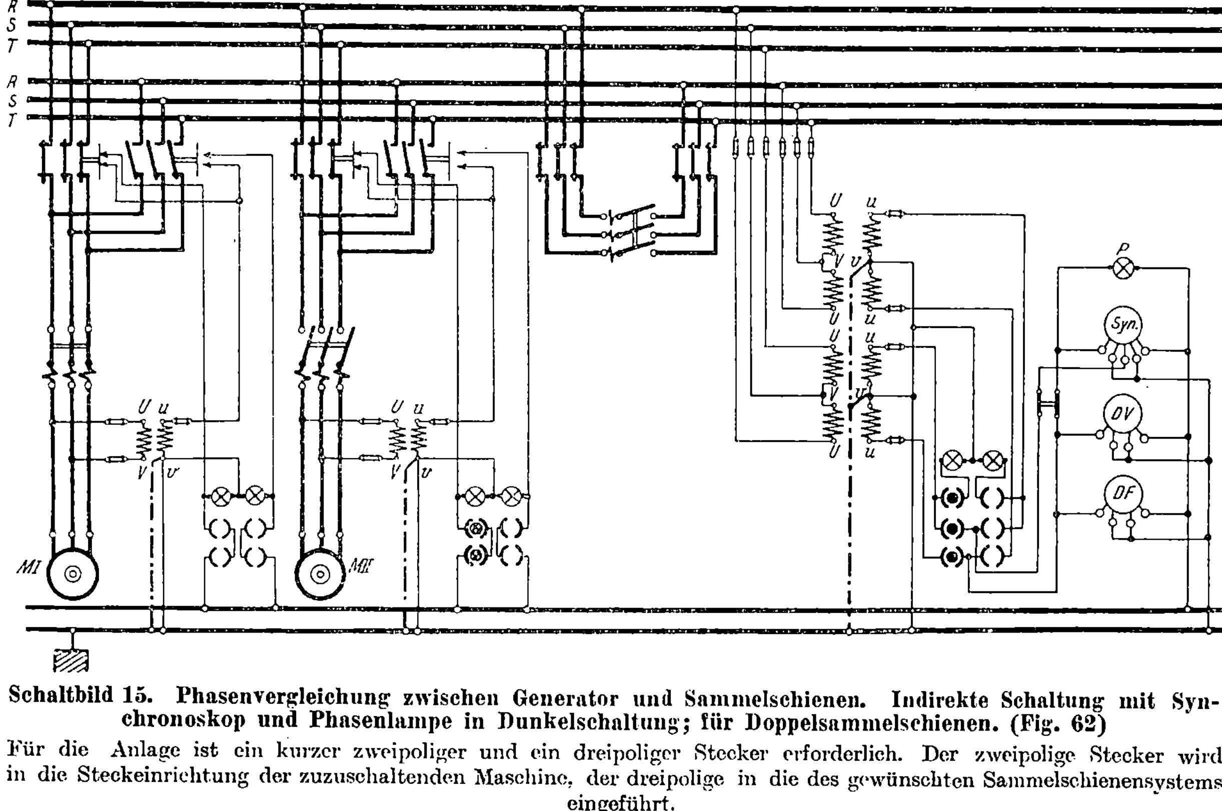

Schaltbild 15. Phasenvergleichung zwischen Generator und Sammelschienen. Indirekte Schaltung mit Synchronoskop und Phasenlampe in Dunkelschaltung; für Doppelsammelschienen. (Fig. 62)

Für die Anlage ist ein kurzer zweipoliger und ein dreipoliger Stecker erforderlich. Der zweipolige Stecker wird in die Steckeinrichtung der zuzuschaltenden Maschine, der dreipolige in die des gewünschten Sammelschienensystems eingeführt.

3. Phasenvergleichung zwischen Generator und Generator.

a) Schaltungen mit Nullspannungsmesser.

Schaltbild 16 zeigt die indirekte Schaltung mit Nullspannungsmesser und Phasenlampe in Dunkelschaltung. Der Instrumentsatz besteht aus einem Doppelfrequenzmesser, einem Doppelspannungsmesser, einem Nullspannungsmesser und einer Phasenlampe. Nullspannungsmesser und Phasenlampe sind für 2×110 Volt zu bemessen. Der Instrumentsatz wird durch Verwendung eines kurzen und eines langen Schaltsteckers zwischen die beiden zu vergleichenden Maschinen eingeschaltet. Die an den Trennschaltern der Maschinen angebrachten Hilfskontakte sollen verhüten, daß abgeschaltete Maschinen bei versehentlichem falschen Stöpseln durch Rücktransformierung des zugehörigen Spannungswandlers unter Spannung gesetzt werden. Etwaige von anderen Kraftwerken kommende Speiseleitungen (Sp) werden genau so geschaltet wie die einzelnen Maschinensätze, jedoch ist hierbei der Spannungswandler für die volle Sammelschienenspannung zu bemessen (vgl. S. 52). Zur Bedienung der ganzen Anlage ist, wie schon vorher erwähnt, ein kurzer und ein langer zweipoliger Stecker erforderlich. Der kurze Stecker wird in den Steckkontakt einer bereits laufenden und der lange Stecker in den der zuzuschaltenden Maschine eingeführt.

Schaltbild 17 zeigt die gleiche Schaltung wie Schaltbild 16, jedoch für Doppelsammelschienen. Der Instrumentsatz ist genau der gleiche. An den Steckvorrichtungen der Maschinen sind farbige Signallampen angebracht, die durch die Hilfskontakte an den Trennschaltern eingeschaltet werden. Man kann daher an der Farbe der brennenden Signallampen stets von vornherein erkennen, auf welche Sammelschienen geschaltet wird. Gleichzeitig verhüten die Signalkontakte noch ein versehentliches Unterspannungsetzen der Maschinen. Zur Bedienung der ganzen Anlage ist ein kurzer und ein langer zweipoliger Stecker erforderlich. Soll eine Maschine neu in Betrieb genommen werden, so ist an ihrer Steckvorrichtung der lange Stecker auf der Seite einzustecken, wo die Signallampe leuchtet. Der kurze Stecker ist in die Steckvorrichtung einer bereits auf das gleiche Sammelschienensystem arbeitenden Maschine einzuführen. Es müssen dann bei beiden Steckern die gleichfarbigen Signallampen leuchten. Sollen dagegen die beiden Sammelschienensysteme parallel geschaltet werden, so vergleicht man eine an dem einen Sammelschienensystem laufende Maschine mit einer auf das andere Sammelschienensystem arbeitenden Maschine. Hierbei werden demgemäß verschiedenfarbige Lampen an den Steckvorrichtungen leuchten. Etwaige von einem fremden Kraftwerk kommende Speiseleitungen werden in gleicher Weise geschaltet wie die einzelnen Maschinensätze, jedoch sind die Spannungswandler in diesem Falle für die Oberspannung der Sammelschienen zu bemessen (vgl. S. 52).

b) Schaltung mit Nullspannungsmesser und Umkehrtransformator für die Phasenlampe.

Schaltbild 18 zeigt eine neue, vom Verfasser angegebene, von der Siemens & Halske A.-G. zum Patent angemeldete Schaltweise. Sie unterscheidet sich von der im Schaltbild 16 angegebenen Schaltung dadurch, daß die Phasenlampe an einen besonderen Umkehrtransformator angeschlossen ist. Durch diesen Umkehrtransformator wird unmittelbar am Instrumentsatz die eine der beiden an vergleichenden Spannungen um 180° gedreht, so daß die Phasenlampe trotz der unverändert weiterbestehenden Dunkelschaltung der Generatorenschaltanlage in Hellschaltung liegt. Die Phasenlampe gibt dann durch ihr Aufleuchten im richtigen Augenblick das Achtungssignal für das Parallelschalten. Das Schalten wird demnach viel sicherer als bei der Dunkelschaltung von statten gehen. Weiterhin wird hierbei noch die Betriebssicherheit der Schaltvorrichtung wesentlich erhöht, da das Achtungssignal eben nur bei vollkommen intakter Schaltung erfolgen kann. Die durch den Umkehrtransformator entstehenden Mehrkosten sind gegenüber diesen Vorteilen belanglos, da der Umkehrtransformator in diesem Falle ein ganz kleiner, billiger Transformator sein kann. Die Übersetzung dieses Umkehrtransformators ist stets 1 : 1 zu wählen, also 110 : 110 Volt. Seine Leistung braucht nur halb so groß zu sein als der Verbrauch der Phasenlampe.

Die Schaltung kann in gleicher Weise auch für Doppelsammelschienen benutzt werden. Die Maschinenschaltung ist dann genau wie im Schaltbild 17 auszuführen.

c) Schaltungen mit Umkehrtransformator und Summenspannungsmesser.

Schaltbild 19 zeigt die Verwendung des vom Verfasser vorgeschlagenen Umkehrtransformators für den Anschluß der Phasenlampe und eines Summenspannungsmessers. Die Schaltung ermöglicht also die Verwendung einer vollständigen Apparatur für Hellschaltung im Anschluß an eine bestehende Dunkelschaltung der Generatorenschaltanlage. Die von der Generatorenschaltanlage erzeugte Differenzspannung wird hierbei erst unmittelbar am Instrumentsatz durch einen dort angebrachten Umkehrtransformator in eine Summenspannung verwandelt. Um dies zu erreichen, ist der Summenspannungsmesser und die zu ihm parallelliegende Phasenlampe an die Spannung des einen Maschinenspannungswandlers angeschlossen. Die Spannung der zuzuschaltenden Maschine wird in den Instrumentkreis durch den Umkehrtransformator hineintransformiert, so daß sich die beiden Spannungen in diesem Kreise addieren. Auf diese Weise wird die gleiche Wirkung erzielt wie bei einer normalen Hellschaltung. Durch diese neue Schaltung ist es nunmehr möglich geworden, für die Generatorenschaltanlage stets die gleiche einfache Schaltweise der Dunkelschaltung zu wählen, ganz unabhängig davon, ob man für den Instrumentsatz Dunkel- oder Hellschaltung anwenden will. Alle Schwierigkeiten, die die Verwendung der Hellschaltung bei der wahlweisen Schaltung von Generator zu Generator unmöglich machen, sind hiermit behoben, da die Schaltung für alle Generatoren genau die gleiche ist und alle Spannungswandler einschließlich des Umkehrtransformators einpolig verbunden und in normaler Weise geerdet werden können. Es besteht demgemäß kein Hinderungsgrund mehr, die hinsichtlich der Betriebssicherheit überlegene Hellschaltung an Stelle der Dunkelschaltung anzuwenden. Die Kosten für den zusätzlichen Umkehrtransformator sind auch hier gegenüber den erreichten Vorteilen belanglos, da ein Meßwandler kleinster Type genügt, der für 110 Volt bemessen sein muß und im Verhältnis 1 : 1 übersetzt.

Schaltbild 20 ist eine Weiterentwicklung des Schaltbildes 19. Der Doppelspannungsmesser wird hierbei in ähnlicher Weise wie im Schaltbild 7 durch einen Umschalter einmal als Maschinenspannungsmesser und das andere Mal als Summenspannungsmesser geschaltet. Steht der hierzu erforderliche dreipolige Umschalter in der Schaltstellung M, so dient das rechts gezeichnete Meß-system als Maschinenspannungsmesser. Der Stromkreis der Phasenlampe ist hierbei unterbrochen. Steht der Umschalter dagegen in der Schaltstellung S, so arbeitet das Instrument als Summenspannungsmesser. Vor seinem rechts gezeichneten Meß-system liegt hierbei der Vorschaltwiderstand R und parallel zu der Reihenschaltung die Phasenlampe P. Die Phasenlampe und der Umkehrtransformator sind eingeschaltet, so daß die Phasen-lampe periodisch aufleuchtet und bei Phasengleichheit durch ihr dauerndes Leuchten das Achtungssignal zum Parallelschalten gibt. Auch diese beiden Schaltungen können ohne weiteres für Anlagen mit Doppelsammelschienen benutzt werden, wenn man die Maschinenschaltung nach Schaltbild 17 ausführt.

d) Schaltungen mit Synchronoskop.

Schaltbild 21 stellt eine indirekte Schaltung mit Siemens-Synchronoskop und Phasenlampe für Dunkelschaltung dar. Der Instrumentsatz ist genau der gleiche wie bei Schaltbild 14. Das Synchronoskop ist für 110 Volt, die Phasenlampe für 2×110 Volt zu bemessen. Die Schaltungen für die einzelnen Maschinensätze sind genau die gleichen. Die für das richtige Arbeiten des Syn-chronoskops erforderliche Verschiedenheit der Schaltungen für die bereits laufende und die zuzuschaltende Maschine wird durch verschiedenartige Stecker erreicht. Für die zuzuschaltende Ma-schine wird ein einpoliger Stecker benutzt, der nur den einen Spannungswandler einschaltet, während für die bereits laufende Maschine ein langer zweipoliger Stecker verwendet wird, der beide Spannungswandler und damit den für den Betrieb des Synchronoskops erforderlichen Drehstrom einschaltet. An den Trennschaltern der Maschinen sind wieder Hilfskontakte an-gebracht, die die Parallelschalteinrichtung bei ausgeschalteten Trennschaltern unterbrechen. Hierdurch wird verhütet, daß ab-geschaltete Maschinen bei versehentlichem falschen Stöpseln durch Rücktransformierung des zugehörigen Spannungswandlers unter Spannung gesetzt werden. Für Speiseleitungen aus fremden Kraft-werken gilt das gleiche, was bei den vorhergehenden Schaltbildern gesagt wurde.

Schaltbild 22 zeigt die gleiche Schaltung für Doppelsammel-schienen. Der Instrumentsatz ist daher auch der gleiche. An

den Steckvorrichtungen der Maschinen sind wieder farbige Signallampen angebracht, die durch die Hilfskontakte an den Trennschaltern eingeschaltet werden. Man kann daher an der Farbe
der brennenden Signallampen stets von vornherein erkennen,
auf welche Sammelschienen geschaltet wird. Gleichzeitig verhüten die Signalkontakte noch ein versehentliches Unterspannungsetzen der Maschinen. Zur Bedienung der ganzen Schaltanlage
dient ebenso wie bei Schaltbild 21 ein einpoliger und ein langer
zweipoliger Stecker. Soll eine Maschine neu in Betrieb genommen
werden, so ist an der zugehörigen Steckvorrichtung der einpolige
Stecker auf der Seite einzuführen, auf der die Signallampe leuchtet.
Der zweipolige Stecker ist dann in die Steckvorrichtung einer auf
das gleiche Sammelschienensystem bereits arbeitenden Maschine
einzuführen. Es müssen dann über den Steckern gleichfarbige
Signallampen brennen. Sollen dagegen verschiedene Sammelschienensysteme parallel geschaltet werden, so vergleicht man eine
auf das eine Sammelschienensystem bereits arbeitende Maschine
mit einer auf das andere Sammelschienensystem arbeitenden Maschine. Man führt den einpoligen Stecker dann bei der Maschine
ein, die man regulieren will und den zweipoligen Stecker bei einer
anderen Maschine, die unverändert weiterlaufen soll. Es müssen
dann beim Synchronisieren verschiedenfarbige Lampen über
den Steckern brennen. Etwaige von einem fremden Kraftwerk kommende Speiseleitungen werden in der gleichen
Weise wie die Maschinen geschaltet, jedoch sind die Spannungswandler hierbei für die Oberspannung der Sammelschienen zu
bemessen (vgl. S. 52).

Schaltbild 23 unterscheidet sich von dem Schaltbild 22
dadurch, daß die Phasenlampe in Hellschaltung arbeitet. Dies
ist durch Zwischenschaltung des auf S. 78 ausführlich beschriebenen Umkehrtransformators erreicht. Die Phasenlampe leuchtet
bei dieser Schaltung stets dann auf, wenn der Zeiger des Synchronoskops durch die der Phasengleichheit entsprechende senkrechte Stellung hindurchgeht. Sie gibt demnach durch ihr Aufleuchten im rechten Augenblick ein Signal und erleichtert auf
diese Weise das Parallelschalten. Auch wird die Betriebssicherheit der Parallelschalteinrichtung wesentlich erhöht, da das
Achtungssignal nur bei störungsfreiem Arbeiten der Einrichtung
erfolgt.

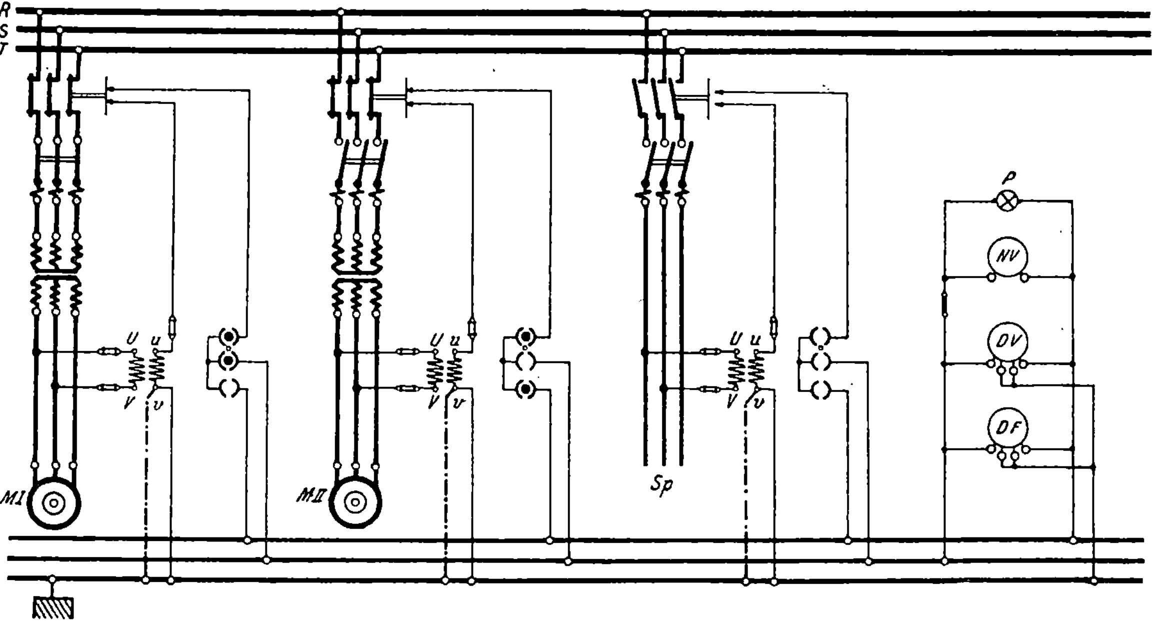

Schaltbild 16. Phasenvergleichung zwischen Generator und Generator. Indirekte Schaltung mit Nullspannungsmesser und Phasenlampe in Dunkelschaltung. (Fig. 63.)

Für die ganze Anlage ist ein kurzer zweipoliger Stecker mit Sperrstift und ein langer zweipoliger Stecker erforderlich. Der kurze Stecker wird in die Steckeinrichtung einer bereits laufenden, der lange in die der zuzuschaltenden Maschine eingeführt.

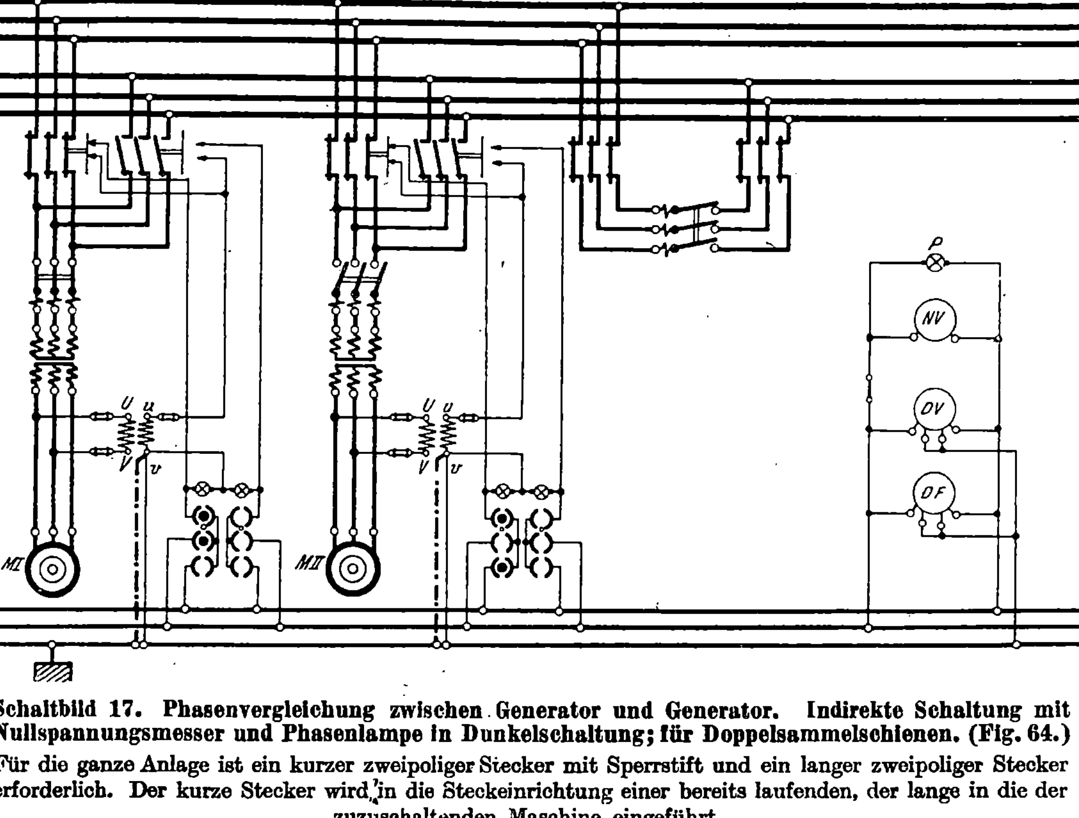

Schaltbild 17. Phasenvergleichung zwischen Generator und Generator. Indirekte Schaltung mit Nullspannungsmesser und Phasenlampe in Dunkelschaltung; für Doppelsammelschienen. (Fig. 64.)

Für die ganze Anlage ist ein kurzer zweipoliger Stecker mit Sperrstift und ein langer zweipoliger Stecker erforderlich. Der kurze Stecker wird in die Steckeinrichtung einer bereits laufenden, der lange in die der zuzuschaltenden Maschine eingeführt.

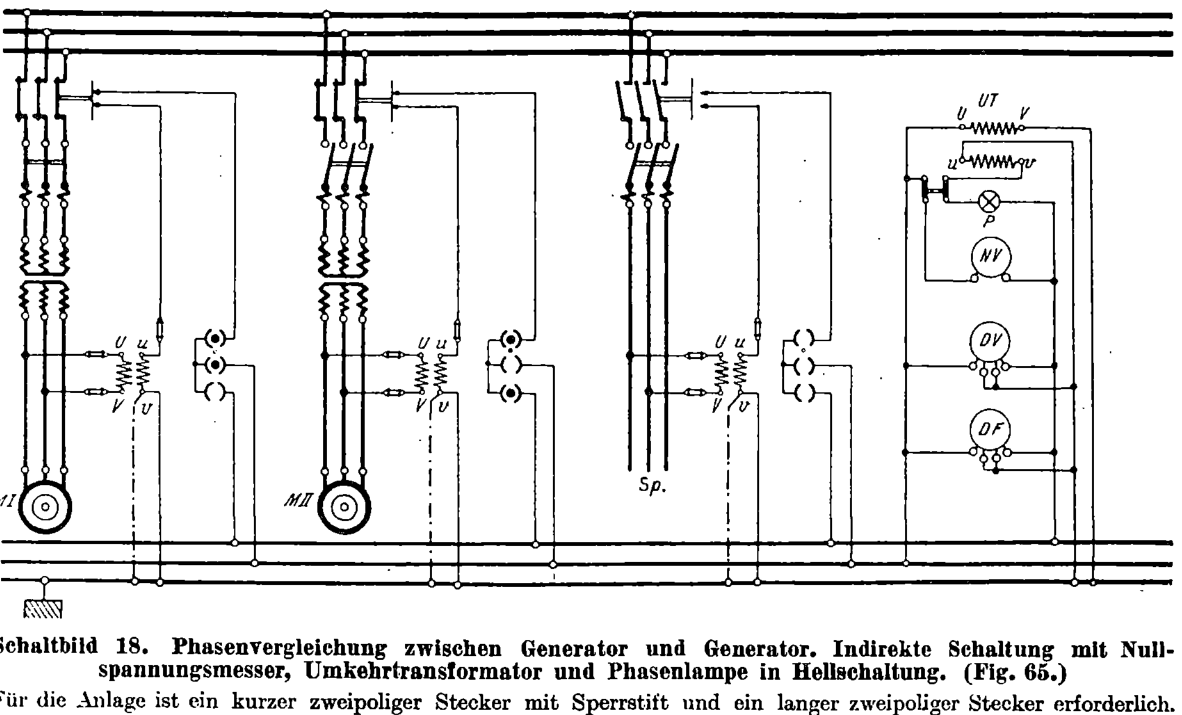

Schaltbild 18. Phasenvergleichung zwischen Generator und Generator. Indirekte Schaltung mit Null-spannungsmesser, Umkehrtransformator und Phasenlampe in Hellschaltung. (Fig. 65.)

Für die Anlage ist ein kurzer zweipoliger Stecker mit Sperrstift und ein langer zweipoliger Stecker erforderlich. Der kurze Stecker wird in die Steckeinrichtung einer bereits laufenden, der lange in die der zuzuschaltenden Maschine eingeführt.

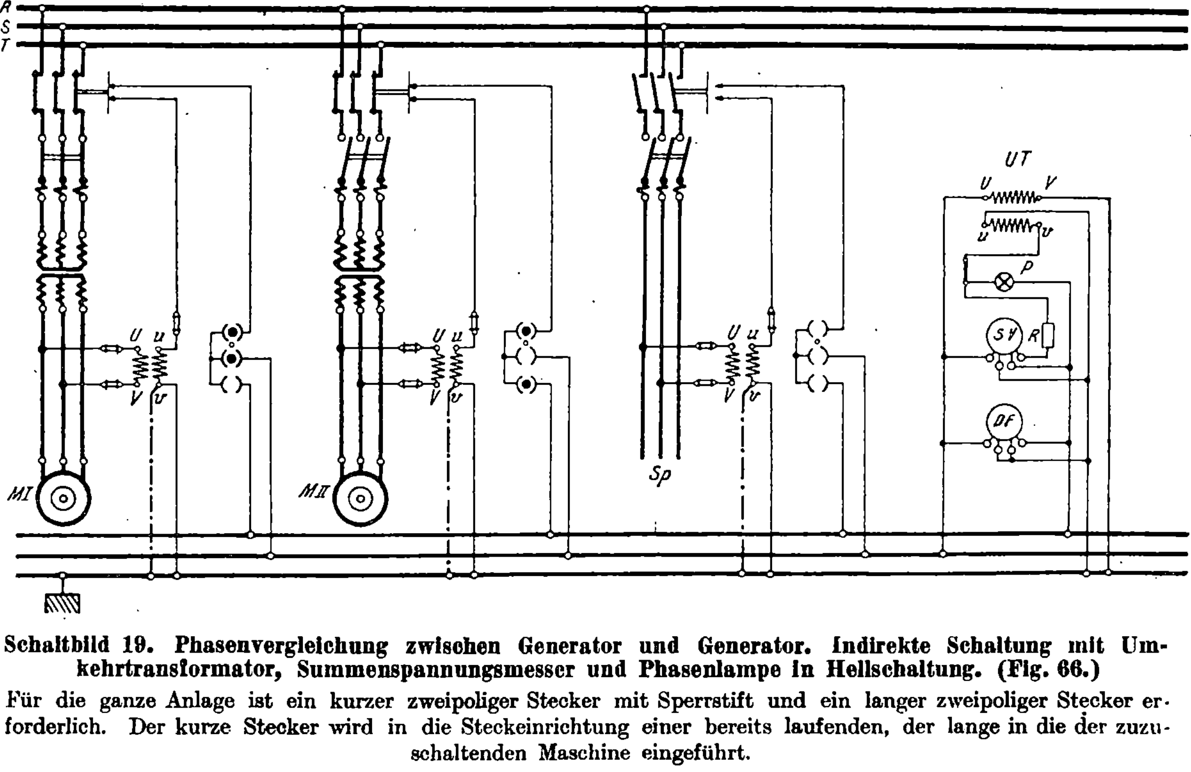

Schaltbild 19. Phasenvergleichung zwischen Generator und Generator. Indirekte Schaltung mit Umkehrtransformator, Summenspannungsmesser und Phasenlampe in Hellschaltung. (Fig. 66.)

Für die ganze Anlage ist ein kurzer zweipoliger Stecker mit Sperrstift und ein langer zweipoliger Stecker erforderlich. Der kurze Stecker wird in die Steckeinrichtung einer bereits laufenden, der lange in die der zuzuschaltenden Maschine eingeführt.

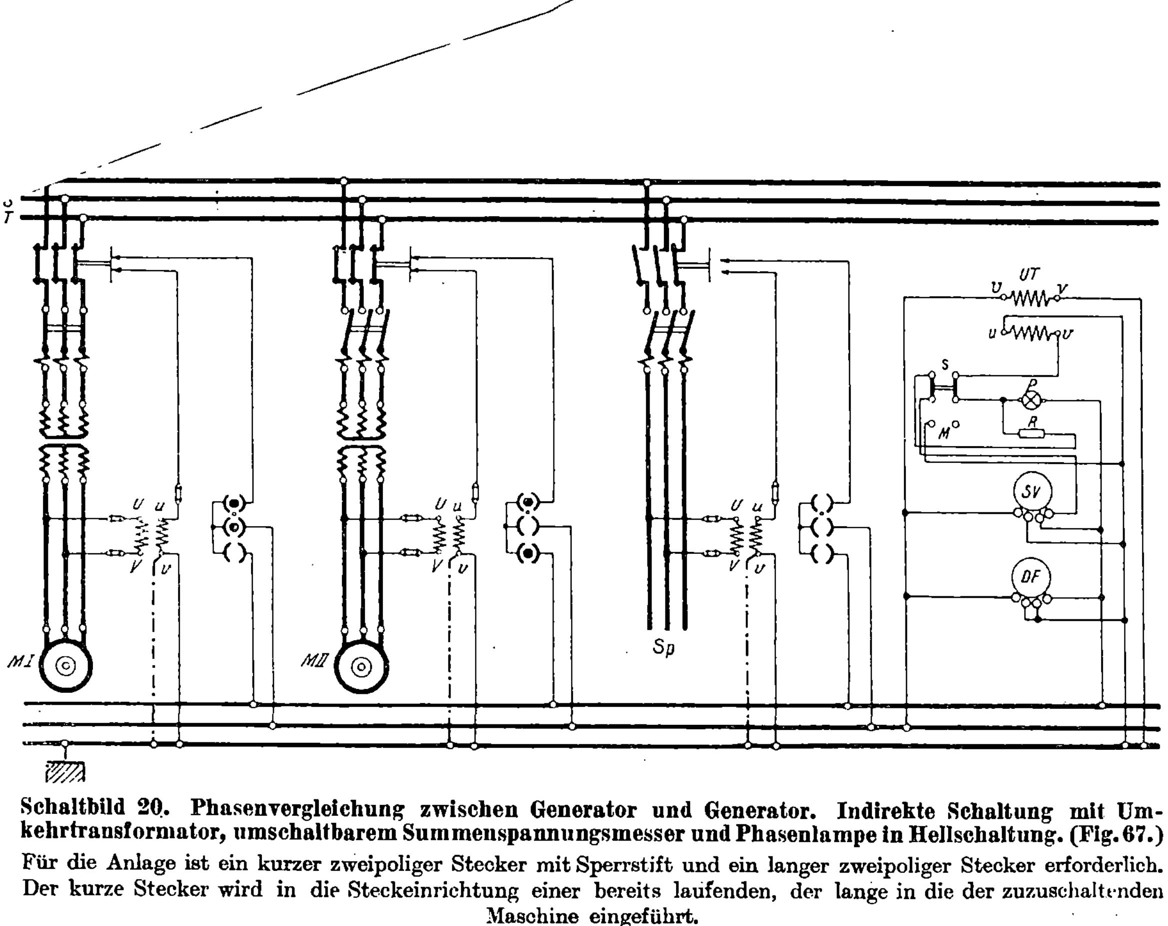

Schaltbild 20. Phasenvergleichung zwischen Generator und Generator. Indirekte Schaltung mit Umkehrtransformator, umschaltbarem Summenspannungsmesser und Phasenlampe in Hellschaltung. (Fig. 67.)

Für die Anlage ist ein kurzer zweipoliger Stecker mit Sperrstift und ein langer zweipoliger Stecker erforderlich. Der kurze Stecker wird in die Steckeinrichtung einer bereits laufenden, der lange in die der zuzuschaltenden Maschine eingeführt.

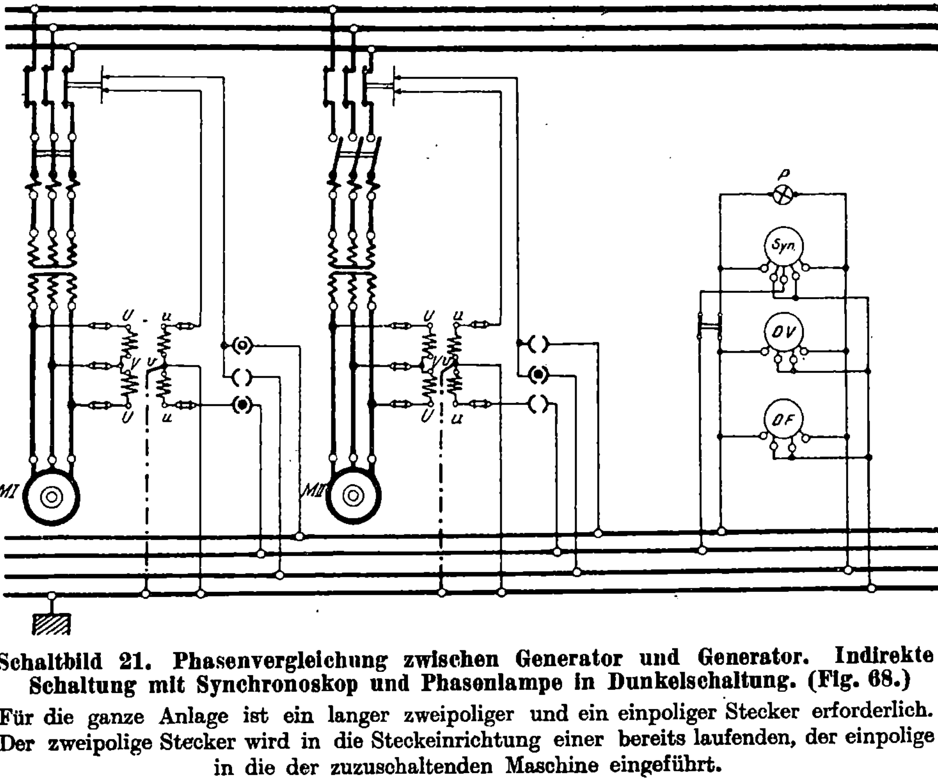

Schaltbild 21. Phasenvergleichung zwischen Generator und Generator. Indirekte Schaltung mit Synchronoskop und Phasenlampe in Dunkelschaltung. (Fig. 68.)

Für die ganze Anlage ist ein langer zweipoliger und ein einpoliger Stecker erforderlich. Der zweipolige Stecker wird in die Steckeinrichtung einer bereits laufenden, der einpolige in die der zuzuschaltenden Maschine eingeführt.

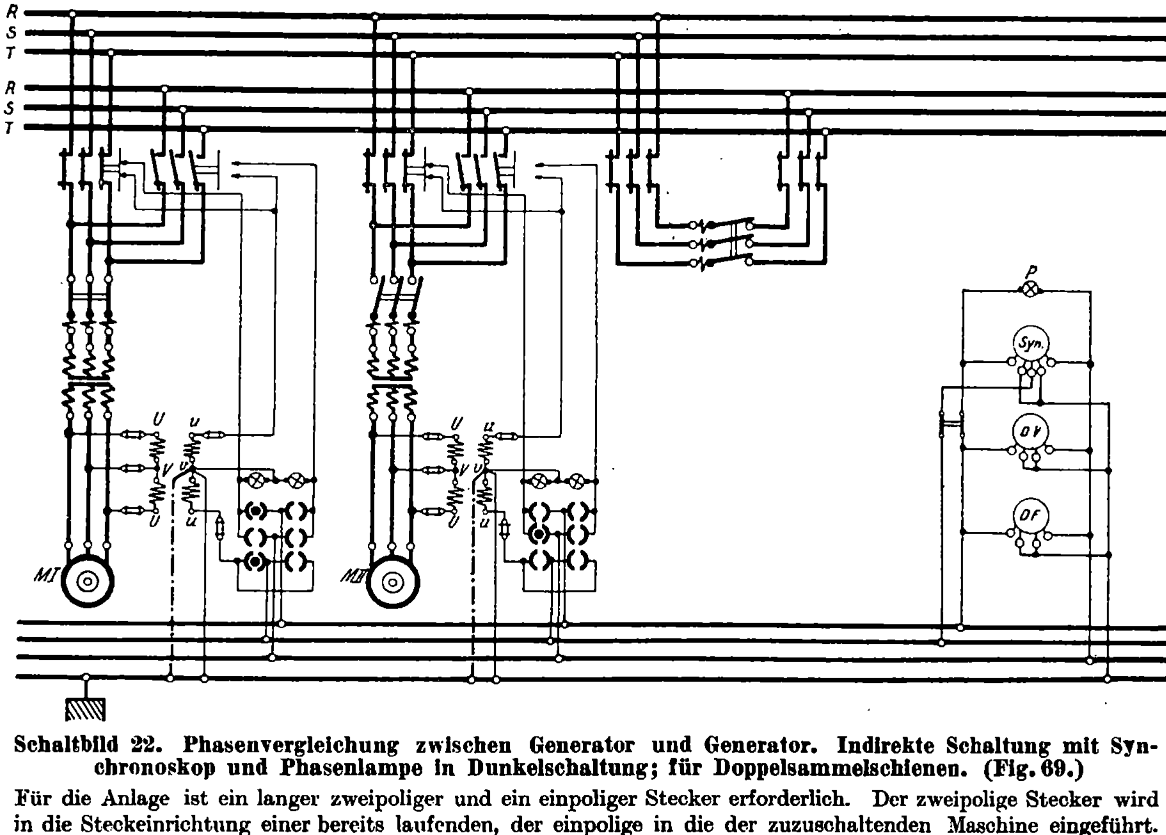

Schaltbild 22. Phasenvergleichung zwischen Generator und Generator. Indirekte Schaltung mit Synchronoskop und Phasenlampe in Dunkelschaltung; für Doppelsammelschienen. (Fig. 69.)

Für die Anlage ist ein langer zweipoliger und ein einpoliger Stecker erforderlich. Der zweipolige Stecker wird in die Steckeinrichtung einer bereits laufenden, der einpolige in die der zuzuschaltenden Maschine eingeführt.

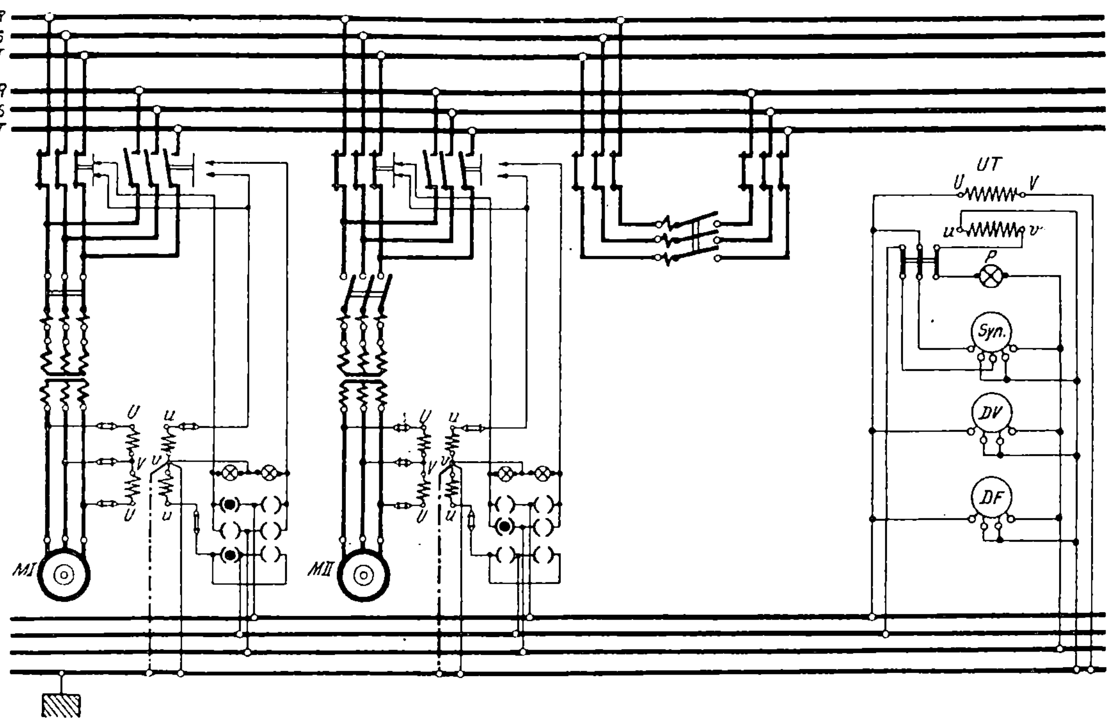

Schaltbild 28. Phasenvergleichung zwischen Generator und Generator. Indirekte Schaltung mit Synchronoskop, Umkehrtransformator und Phasenlampe in Hellschaltung; für Doppelsammelschienen. (Fig. 70.)

Die Steckeinrichtung und ihre Bedienung ist die gleiche wie bei Schaltbild 22.

4. Phasenvergleichung an den Schalterkontakten.

a) Schaltung mit Nullspannungsmesser.

Schaltbild 24 zeigt eine indirekte Schaltung mit Nullspannungsmesser und Phasenlampe in Dunkelschaltung bei Anlagen mit Doppelsammelschienensystem. Der Instrumentsatz ist genau der gleiche wie bei Schaltbild 4. Der Nullspannungsmesser und die Phasenlampe sind für die doppelte Sekundärspannung der Spannungswandler, also für 2×110 Volt, zu bemessen. Die Schaltungen für die einzelnen Maschinensätze sind bei dieser Schaltung besonders einfach, da sie vollkommen unabhängig von den jeweiligen Stellungen der Trennschalter sind. Die Schaltung besitzt dabei die gleiche Sicherheit wie die bisher beschriebenen anderen Schaltungen für Doppelsammelschienensystem. Da die Phasenvergleichung unmittelbar an dem die Parallelschaltung vollziehenden Maschinenschalter erfolgt und dieser stets unmittelbar an die Sammelschienen angeschlossen ist, sind alle Spannungswandler für die volle Sammelschienenspannung zu bemessen. Für die Bedienung der ganzen Anlage ist nur ein zweipoliger Stecker erforderlich. Bei der Inbetriebsetzung einer Maschine wird dieser Stecker in die zu dieser Maschine gehörige Steckvorrichtung eingeführt. Für die Parallelschaltung der Sammelschienensysteme müssen auf beiden Seiten des Kuppelungsschalters besondere Spannungswandler mit einer besonderen Steckvorrichtung vorgesehen werden. Die Parallelschaltung der Sammelschienen vollzieht sich dann in der Weise, daß der Stecker in die zum Kuppelungsschalter gehörige Steckvorrichtung eingeführt wird. Die Schaltung etwaiger, von fremden Kraftwerken kommenden Speiseleitungen ist in der gleichen Weise wie die Schaltung der einzelnen Maschinensätze auszuführen.

b) Schaltung mit Nullspannungsmesser und Umkehrtransformator für die Phasenlampe.

Schaltbild 25 unterscheidet sich von 24 nur durch den Einbau des auf S. 78 beschriebenen Umkehrtransformators für die Phasenlampe. Die Phasenlampe brennt demnach hierbei in Hellschaltung und gibt somit durch ihr Aufleuchten das Achtungssignal zum Parallelschalten. Da dies Achtungssignal nur bei vollkommen ordnungsgemäßem Arbeiten der Parallelschalteinrichtung erfolgen kann, wird hierdurch die Betriebssicherheit der Einrichtung gegenüber der reinen Dunkelschaltung wesentlich erhöht.

c) Schaltung mit Umkehrtransformator und Summenspannungsmesser.

Schaltbild 26 zeigt eine indirekte Schaltung mit Summenspannungsmesser und Phasenlampe für Hellschaltung. Die Maschinenschaltung ist genau die gleiche wie bei Schaltbild 24. Die Maschinen und Sammelschienen sind demnach gleichpolig, also in Dunkelschaltung auf die Hilfssammelschienen geschaltet. Die Meßeinrichtung dagegen arbeitet unter Verwendung eines Umkehrtransformators in Hellschaltung (vgl. S. 79). Sind keine besonderen Maschinenspannungsmesser vorhanden, so kann der Summenspannungsmesser in der gleichen Weise wie bei Schaltbild 20 auf Seite 86 angegeben umgeschaltet werden.

d) Schaltungen mit Siemens-Synchronoskop.

Schaltbild 27 zeigt die indirekte Schaltung mit Siemens-Synchronoskop und Phasenlampe für Dunkelschaltung bei Anlagen mit Doppelsammelschienen. Der Instrumentsatz ist der gleiche wie im Schaltbild 14. Das Synchronoskop ist für 110 Volt, die Phasenlampe für 2×110 Volt zu bemessen. Die Schaltungen für die einzelnen Maschinensätze sind ebenso wie bei den vorhergehenden Schaltbildern 24—26 vollkommen unabhängig von der jeweiligen Stellung der Trennschalter und daher besonders einfach. Alle Spannungswandler sind bei dieser Schaltung ebenfalls für die volle Sammelschienenspannung zu bemessen, da die Maschinenschalter stets unmittelbar, ohne Zwischenschaltung von Transformatoren, an den Sammelschienen liegen. Zur Bedienung der ganzen Anlage ist ein dreipoliger Stecker erforderlich. Soll eine Maschine in Betrieb genommen werden, so wird dieser Stecker in die zu der Maschine gehörige Steckvorrichtung eingeführt. Für das Synchronisieren der Sammelschienen sind besondere, auf beiden Seiten des Kuppelungsschalters liegende Spannungswandler mit einer zugehörigen Steckvorrichtung erforderlich. Die Drehstromspannungswandler schließt man hierbei zweckmäßig an das Sammelschienensystem an, an dem betriebsmäßig stets mehrere Maschinen laufen, während man den Einphasen-Spannungswandler an das weniger belastete Sammelschienensystem anschließt. Man regelt dann beim Synchronisieren stets die an dem weniger belasteten Sammelschienensystem laufende einzelne Maschine.

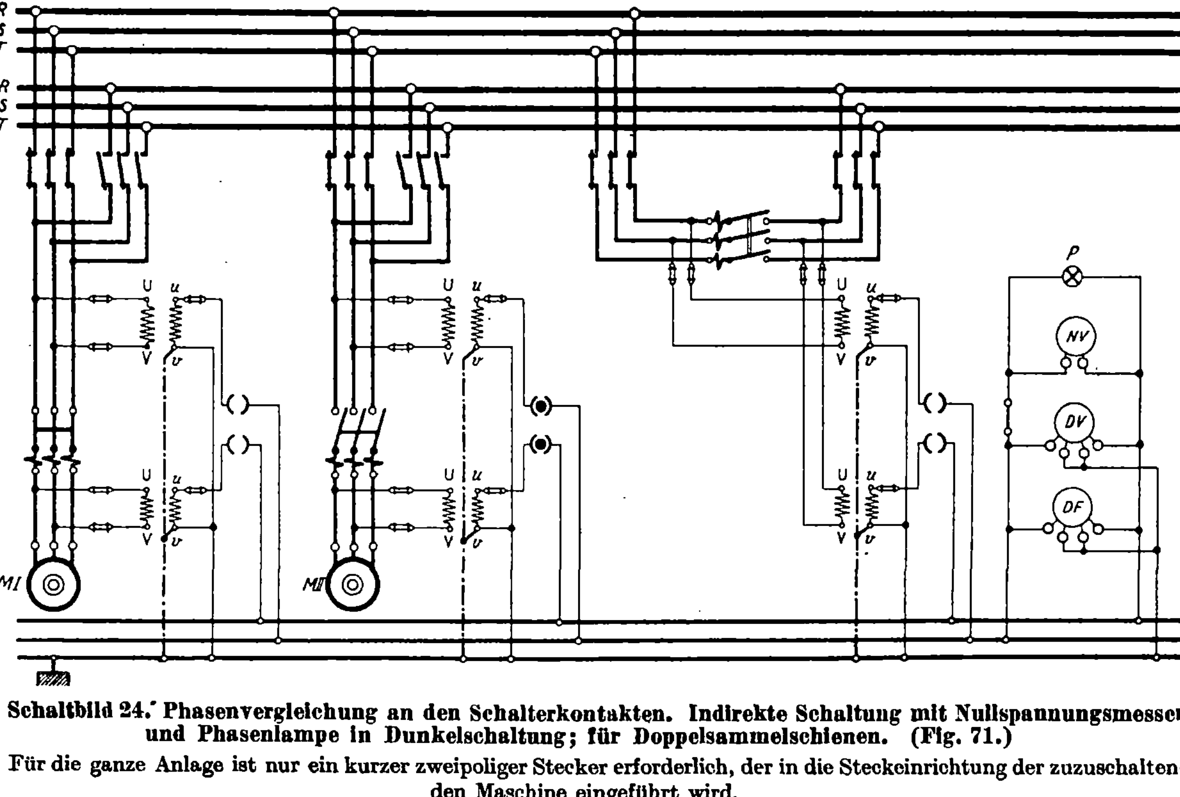

Schaltbild 24. Phasenvergleichung an den Schalterkontakten. Indirekte Schaltung mit Nullspannungsmesser und Phasenlampe in Dunkelschaltung; für Doppelsammelschienen. (Fig. 71.)

Für die ganze Anlage ist nur ein kurzer zweipoliger Stecker erforderlich, der in die Steckeinrichtung der zuzuschaltenden Maschine eingeführt wird.

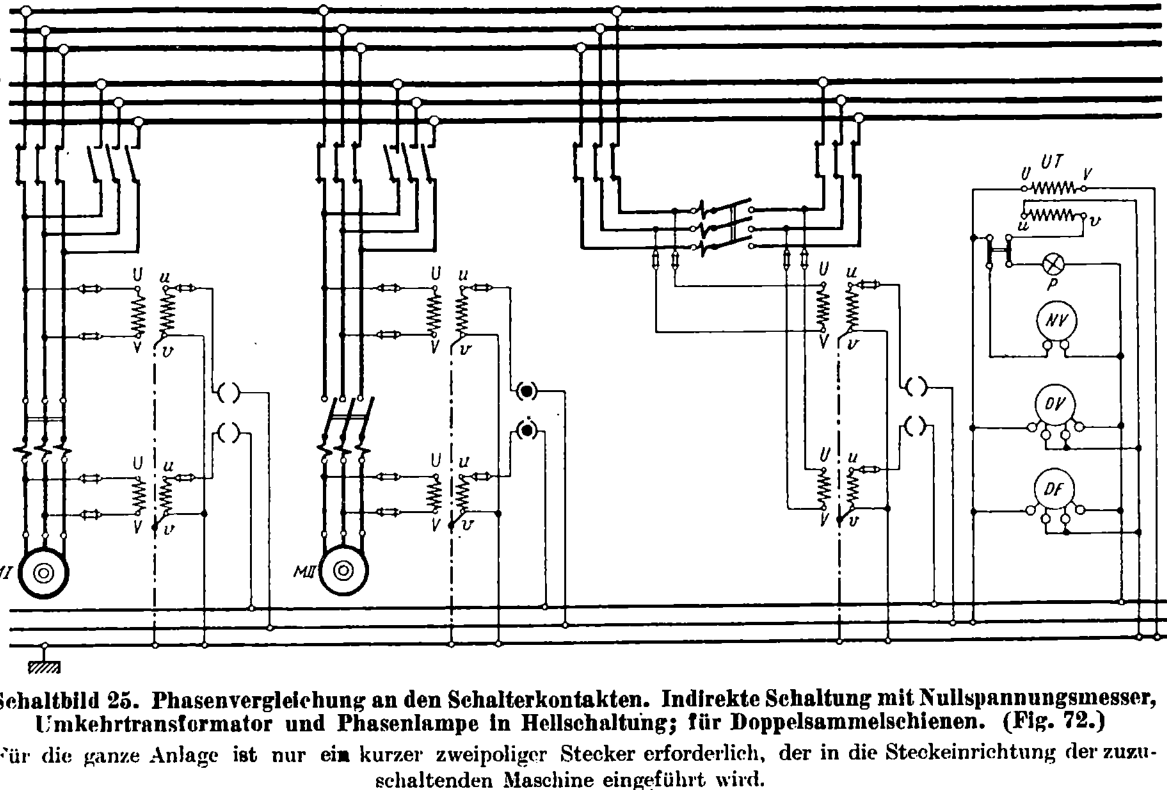

Schaltbild 25. Phasenvergleichung an den Schalterkontakten. Indirekte Schaltung mit Nullspannungsmesser, Umkehrtransformator und Phasenlampe in Hellschaltung; für Doppelsammelschienen. (Fig. 72.)

Für die ganze Anlage ist nur ein kurzer zweipoliger Stecker erforderlich, der in die Steckeinrichtung der zuzuschaltenden Maschine eingeführt wird.

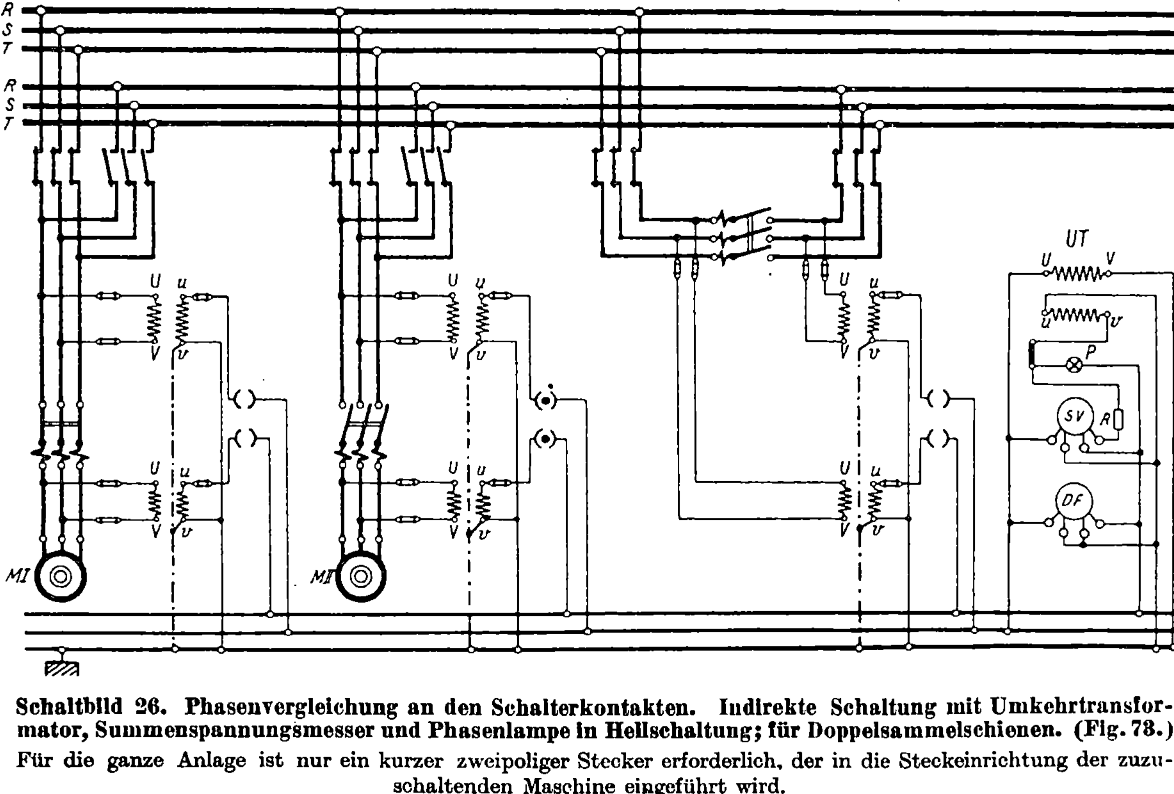

Schaltbild 26. Phasenvergleichung an den Schalterkontakten. Indirekte Schaltung mit Umkehrtransformator, Summenspannungsmesser und Phasenlampe in Hellschaltung; für Doppelsammelschienen. (Fig. 78.)

Für die ganze Anlage ist nur ein kurzer zweipoliger Stecker erforderlich, der in die Steckeinrichtung der zuzuschaltenden Maschine eingeführt wird.

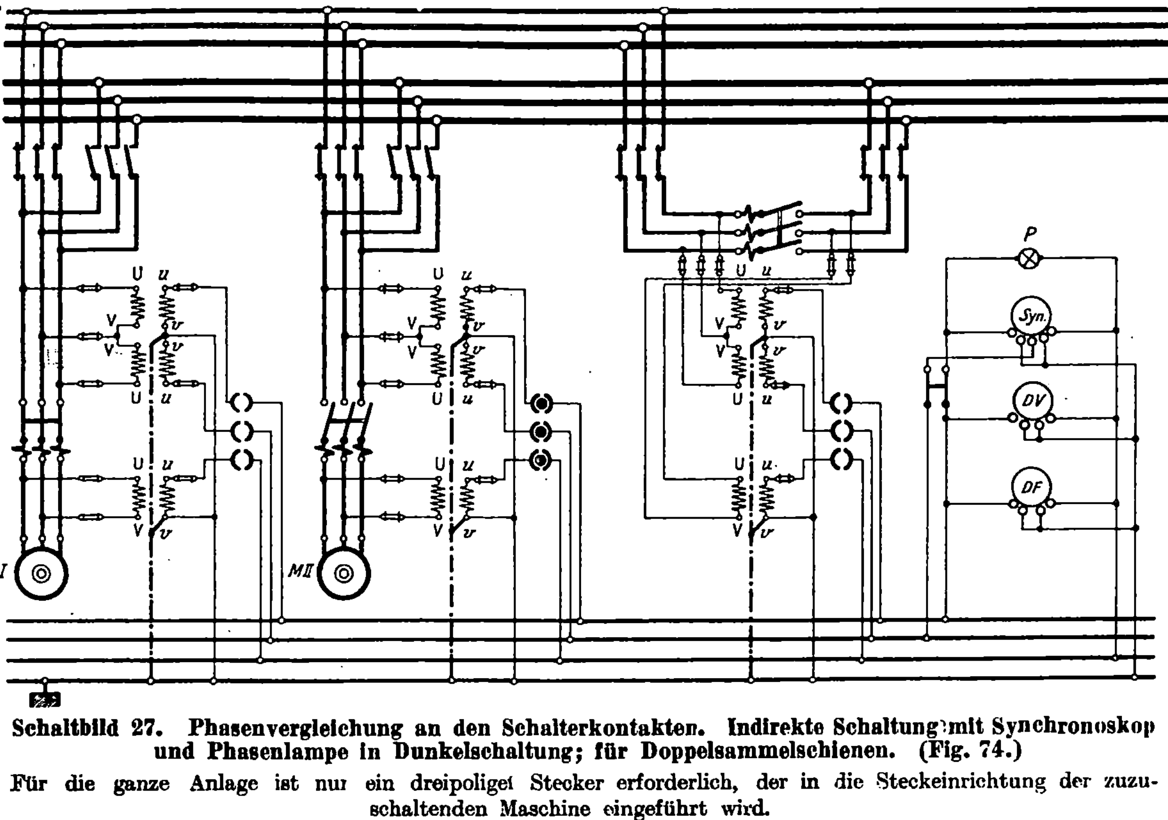

Schaltbild 27. Phasenvergleichung an den Schalterkontakten. Indirekte Schaltung mit Synchronoskop und Phasenlampe in Dunkelschaltung; für Doppelsammelschienen. (Fig. 74.)

Für die ganze Anlage ist nur ein dreipoliger Stecker erforderlich, der in die Steckeinrichtung der zuzuschaltenden Maschine eingeführt wird.

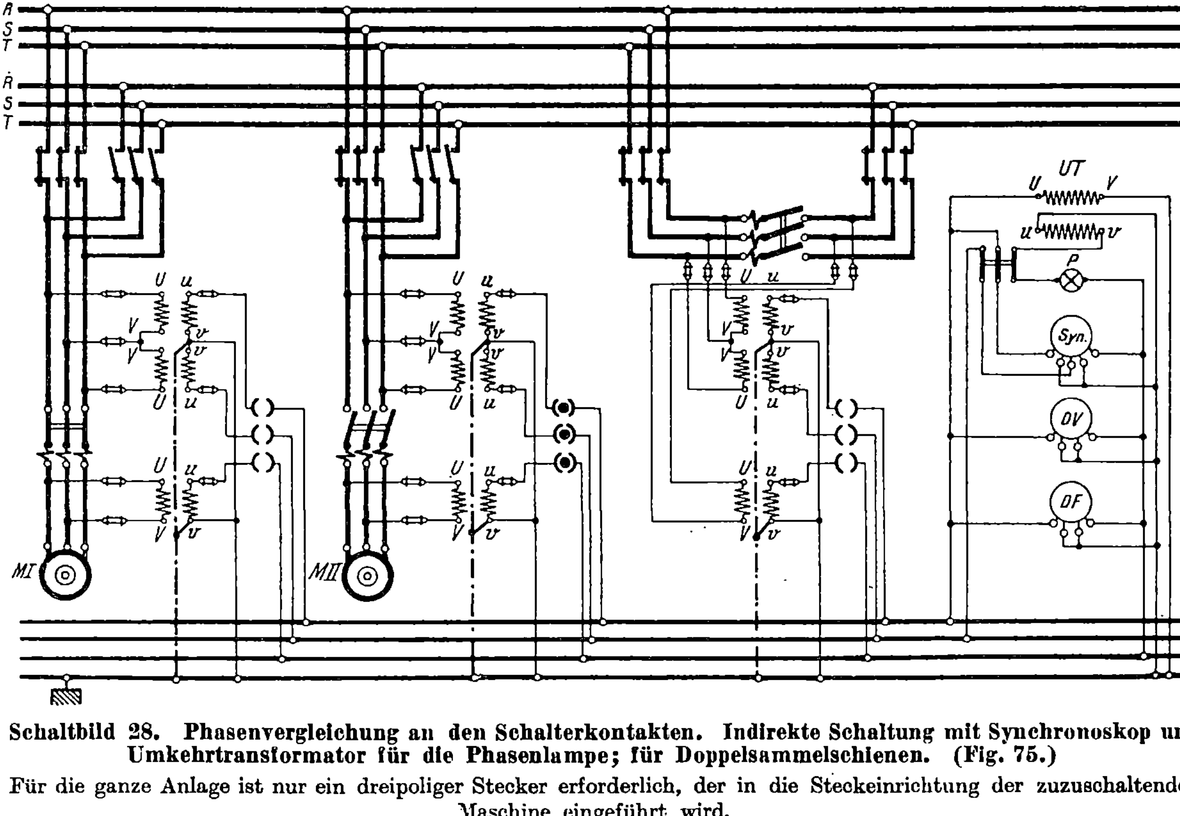

Schaltbild 28. Phasenvergleichung an den Schalterkontakten. Indirekte Schaltung mit Synchronoskop und Umkehrtransformator für die Phasenlampe; für Doppelsammelschienen. (Fig. 75.)

Für die ganze Anlage ist nur ein dreipoliger Stecker erforderlich, der in die Steckeinrichtung der zuzuschaltenden Maschine eingeführt wird.

Etwaige von fremden Kraftwerken kommende Speiseleitungen werden in gleicher Weise wie die einzelnen Maschinen geschaltet.

Schaltbild 28 unterscheidet sich von Schaltbild 27 nur durch den eingebauten Umkehrtransformator für die Phasenlampe. Die Phasenlampe arbeitet demgemäß in Hellschaltung. Sie leuchtet stets dann auf, wenn der Zeiger des Synchronoskops durch die dem Synchronismus entsprechende senkrechte Stellung hindurchgeht. Es wird demgemäß auch hier die Betriebssicherheit der Vorrichtung wesentlich erhöht, da das Achtungssignal durch die Phasenlampe nur bei vollkommen ordnungsgemäßem Arbeiten der Vorrichtung erfolgen kann.

e) Hochspannungsschaltung mit Meßkondensatoren.

Arbeiten zwei Kraftwerke, deren Sammelschienen nicht unmittelbar durch Speiseleitungen miteinander verbunden sind, auf ein gemeinsames Versorgungsgebiet, so muß die Parallelschaltung draußen auf der Fernleitungsstrecke an einem Punkte, an dem sich die beiden Verteilungsnetze berühren, erfolgen. Da die Netze an diesen Schaltstellen im allgemeinen dauernd verbunden bleiben, und nur nach etwaigen Betriebsstörungen von neuem parallelgeschaltet werden, wird man für diese Schaltstellen nicht die teueren Einrichtungen mit Meßtransformatoren einbauen, zumal da die Meßtransformatoren in diesem Falle für die hohe Fernleitungsspannung, beispielsweise für 100 000 Volt, ausgeführt werden müßten. In Amerika werden in diesen Fällen elektrostatische Spannungsmesser, die an besondere Meßkondensatoren angeschlossen sind, verwendet. Die Instrumente sind hierbei nur für eine verhältnismäßig kleine, an den Meßkondensatoren abgegriffene Teilspannung bemessen. Den Siemens-Schuckert-Werken ist eine Schaltweise gesetzlich geschützt, bei der sich besondere Meßkondensatoren dadurch erübrigen, daß die als Durchführungskondensatoren ausgebildeten Durchführungsisolatoren des die Parallelschaltung vollziehenden Hochspannungsschalters als Meßkondensatoren benutzt werden. Die Schaltung wird hierbei aus Billigkeitsgründen meist nur einpolig ausgeführt, wie es das umstehende Prinzipschaltbild zeigt. In diesem sind R_1 und R_2 die zu verbindenden Hochspannungsleitungen und MK_1 und MK_2 die als Meßkondensatoren benutzten Durchführungskondensatoren des Hochspannungsschalters. Durch die

Befestigungsstellen der Meßkondensatoren an der Wand des Schalthauses ist das Erdpotential der Meßschaltung gegeben, während durch zwei symmetrisch gelegene Zwischenbelege zwei Vergleichspotentiale geschaffen werden. Liegen diese auf gleicher Höhe, so zeigt der an sie angeschlossene Nullspannungsmesser die Spannung Null an. Es kann also parallelgeschaltet werden. Die Spannungen der beiden Zwischenbelege gegen Erde geben ein Maß für die auf beiden Seiten des Schalters bestehenden

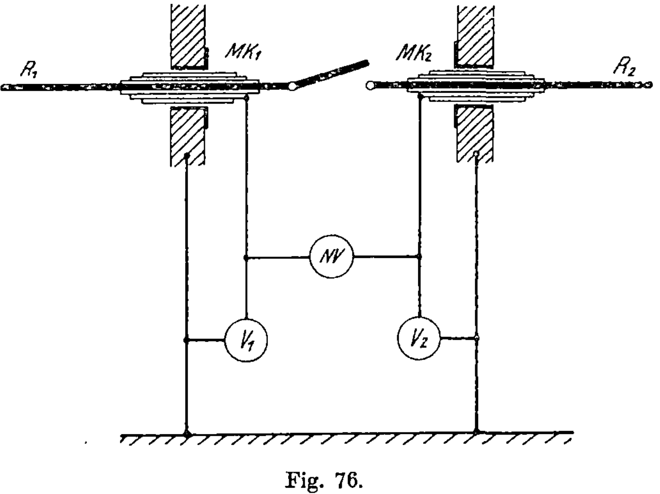

Fig. 76.

Netzspannungen. Sie werden durch die Spannungsmesser V_1 und V_2 gemessen.

Um die mechanisch sehr empfindlichen elektrostatischen Spannungsmesser ganz zu vermeiden, verwendet die Siemens & Halske A.-G. neuerdings eine andere Schaltung. Bei dieser werden besondere Stromwandler benutzt, die von dem Kondensatorstrom durchflossen werden. Durch diese Stromwandler wird der sehr kleine Kondensatorstrom auf eine größere, meßbare Stromstärke hinauftransformiert, so daß man an Stelle der elektrostatischen Spannungsmesser Dreheiseninstrumente benutzen kann. Um hierbei die größtmögliche Empfindlichkeit zu erhalten, geht man gleichzeitig zur Hellschaltung über, wie es das Schaltbild auf S. 99 zeigt. Da die Stromwandler sekundär stets geschlossen sein müssen, wird hierbei ein besonderer Umschalter ohne Stromunterbrechung benutzt. In der linken Schaltstellung werden die beiden Netzspannungen durch die Spannungsmesser V_1 und V_2 gemessen, während in der rechten Stellung des Schalters der Summenspannungsmesser angeschlossen ist. Das Parallelschalten mittels

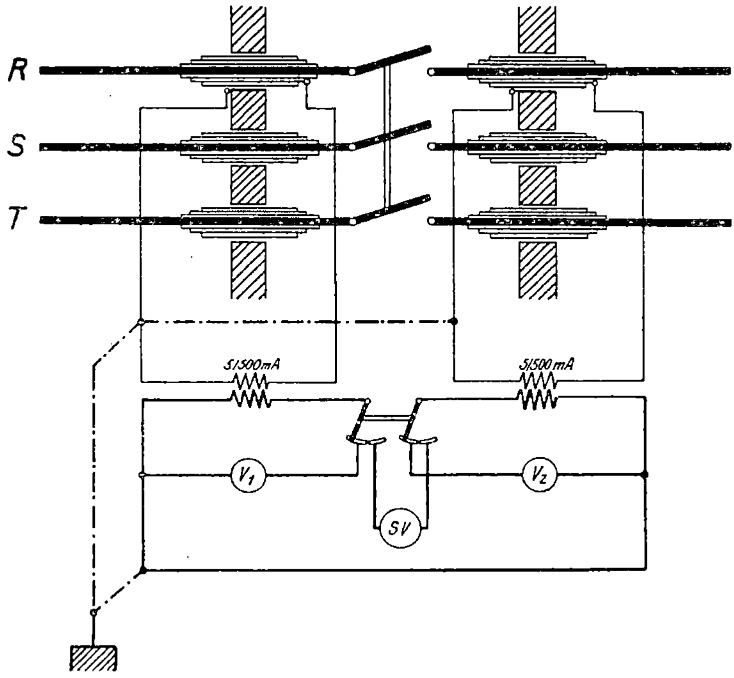

Fig. 77.

dieser Vorrichtung vollzieht sich anstandslos. Allerdings muß man, da man hierbei keine Regelvorrichtung für die parallelzuschaltenden Netze zur Verfügung hat, warten, bis ein günstiger Augenblick zufälligerweise eintritt. Dies kann unter Umständen stundenlang dauern, jedoch ist dieser Nachteil insofern nicht schwerwiegend, als die Parallelschaltung, wie bereits anfangs erwähnt, nur elten ausgeführt werden muß.

V. Einrichtungen zum selbsttätigen Parallelschalten.

a) Anwendungsgebiete.

Je größer die parallel zu schaltenden Maschinen sind, mit um so größerer Sorgfalt muß das Parallelschalten erfolgen, da mit der Leistung der Maschineneinheiten auch die Energie der Ausgleichströme anwächst. Die bei ungenauem Parallelschalten entstehenden Ausgleichströme werden naturgemäß um so größer, je größer die durch sie zu beschleunigenden bzw. zu verzögernden Massen sind. Bei Maschinen mit großen Schwungmassen können daher die Ausgleichströme so groß werden, daß sie den Betrieb der bereits laufenden Maschinen stören. Diese Störungen sind, wie wir früher gesehen haben, teils mechanischer, teils elektrischer Natur. Die durch Phasenverschiedenheit verursachten Ausgleichströme wirken mechanisch auf die Maschine zurück und suchen sie mit einem Ruck in die der Phasengleichheit entsprechende Stellung zu bringen. Hierbei werden nicht nur die umlaufenden Teile der Maschine mechanisch sehr stark beansprucht, sondern auch die Wickelungen, so stark, daß sich die Spulenköpfe unter Umständen verbiegen. Etwaige Spannungsverschiedenheiten beim Parallelschalten geben dagegen im wesentlichen nur elektrische Rückwirkungen. Sie verursachen einesteils Spannungsschwankungen im Netz während des Parallelschaltens, andernteils aber entstehen beim Einlegen des Hauptschalters durch das plötzliche Kurzschließen der Differenzspannungen zwischen Netz und zuzuschaltender Maschine häufig elektrische Sprungwellen, die die Isolation der ersten Spulen der Maschinenwickelungen beanspruchen. Alle diese Störungen können nur bei ganz sorgfältigem Parallelschalten vermieden werden. Die Anforderungen, die hierdurch an den Schalttafelwärter gestellt werden, werden noch größer, wenn noch die weitere Forderung hinzutritt, daß etwaige Ausgleichströme nicht aus dem Netz herauslaufen, sondern von der zuzuschaltenden Maschine ins Netz hineingeliefert werden sollen. Diese Forderung ist insofern berechtigt, als in den meisten Fällen das Netz schon stark belastet ist, ehe eine weitere Maschine in Betrieb genommen wird. Ein derartig stark belastetes Netz würde aber die zusätzliche Stoßbelastung einer schlecht parallelgeschalteten, als Motor laufenden Maschine nicht mehr aushalten. Um es zu erreichen, daß die zugeschaltete Maschine sofort nach dem Einschalten als Generator Last aufnimmt, muß man so parallelschalten, daß diese Maschine etwas übersynchron läuft, daß also ihre Frequenz etwas höher ist als die des Netzes (vgl. S. 5). Dies läßt sich allerdings nur bei verhältnismäßig ruhig laufenden Maschinen erreichen. Bei Generatoren, die von Gasmaschinen angetrieben werden und die bei Leerlauf meistens sehr unruhig laufen, muß man zufrieden sein, wenn man die Maschinen überhaupt einigermaßen sicher parallelschalten kann. Die Zeitpunkte, die für das Parallelschalten geeignet sind, treten dann so kurzzeitig auf, daß man schlechterdings keine weiteren Bedingungen an das Parallelschalten stellen kann, als daß die Maschinen ohne allzu derbe Stöße in Tritt kommen.

Bei der Schwierigkeit dieser Betriebsverhältnisse ist es wünschenswert, bei großen wertvollen Maschinen von der mehr oder minder großen Geschicklichkeit des Schalttafelwärters unabhängig zu werden. Man hat daher selbsttätige Apparate geschaffen, die unbeeinflußt von äußeren Nebenumständen fehlerlos den richtigen Zeitpunkt für das Parallelschalten wählen, ohne ihn jemals zu verpassen. Es würde zu weit führen, an dieser Stelle alle bekannten derartigen Einrichtungen zu besprechen, zumal diese als Spezialeinrichtungen nur für besondere Fälle in Frage kommen. Als besonders charakteristisches Beispiel ist im nachstehenden eine von Dr. Michalke angegebene selbsttätige Parallelschalteinrichtung der Siemens-Schuckert-Werke eingehend beschrieben.

b) Prinzip des Schaltmotors.

Der Hauptteil der selbsttätigen Parallelschaltvorrichtung der Siemens-Schuckert-Werke ist ein kleiner asynchroner Drehstrommotor mit offener Wickelung im Ständer und kurzgeschlossener Einphasenwickelung im Läufer. Die Schaltung ergibt sich aus dem nachstehenden Schaltbild. Sie ist im Prinzip die gleiche wie die des auf S. 23 beschriebenen Lampenapparates, nur sind an die Stelle der Glühlampen die drei Wickelungsabteilungen des Ständers

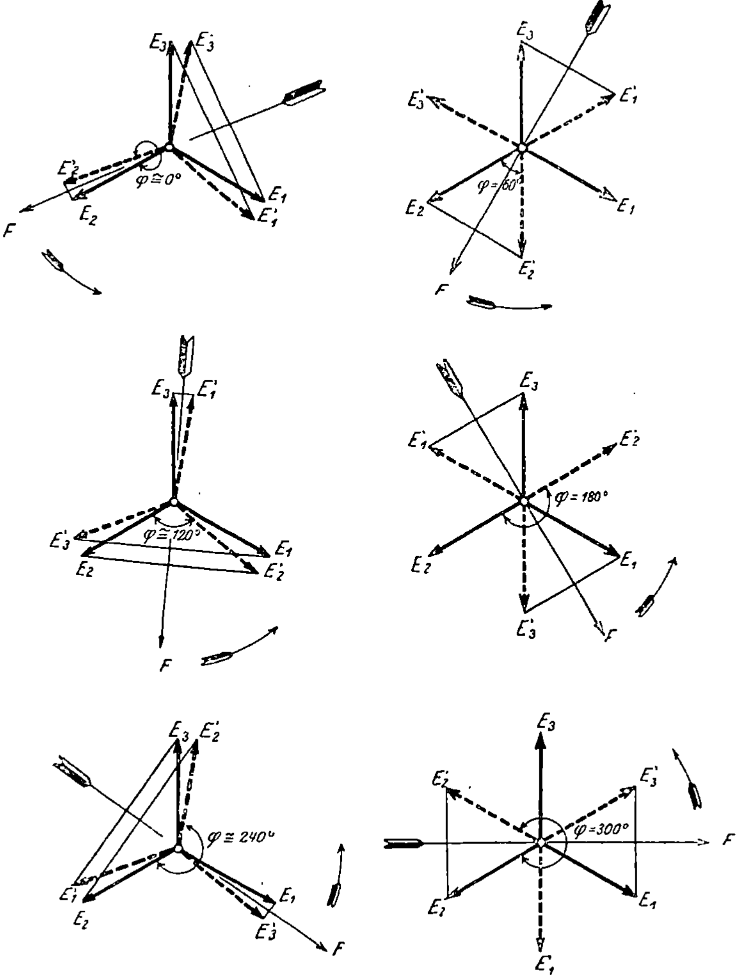

Fig. 78—83.

Darstellung der elektrischen und magnetischen Verhältnisse im Schaltmotor.

getreten. DieWirkungsweisederSchaltungfolgt ausdennebenstehenden Diagrammbildern. In diesen Bildern stellt der Stern $E_1E_2E_3$ die Sternspannungen des Netzes und $E_1'E_2'E_3'$ die entsprechenden Sternspannungen der zuzuschaltenden Maschine dar. Die Phasenverschiebung zwischen diesen beiden Spannungssystemen ist durch den Winkel φ bezeichnet. Die in den einzelnen Wickelungen des Ständers auftretenden Spannungen sind durch die resultierenden Spannungen gegeben. Allerdings muß hierbei beachtet werden, daß die räumlich gleichgerichteten Spannungen elektrisch um $180°$ verschoben sind, so daß tatsächlich die Differenz dieser

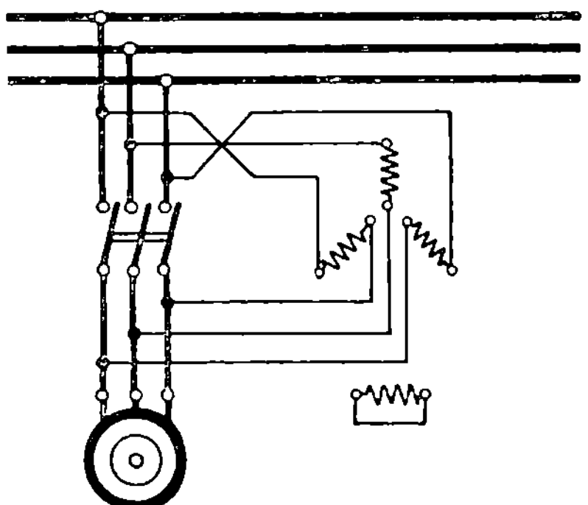

Fig. 84.

Spannungen in den Wickelungen zur Wirkung kommt. Demgemäß würde an der einen Wickelung, die an gleichnamigen Polen angeschlossen ist, eine Spannung wirken, die durch E_2-E_2' dargestellt wird. An den beiden anderen Wickelungen, die an vertauschten Polen liegen, würden die beiden Spannungen E_1-E_3' und E_3-E_1' wirken. Diese drei resultierenden Spannungen sind, wie aus den Diagrammbildern ersichtlich, in jedem Falle parallel zueinander. Die in den Wickelungen fließenden Ströme und demgemäß auch das erzeugte magnetische Feld stehen senkrecht auf diesen Spannungen. Das Feld ist im Diagramm durch den Pfeil F angedeutet. Dieses im Ständer des Schaltmotors entstehende Feld ist also nicht, wie man erwarten könnte, ein Drehfeld, sondern ein einphasiges Wechselfeld. Ändert sich der Winkel

φ, wie dies stets eintritt, wenn die beiden Drehstromsysteme nicht frequenzgleich sind, so ergeben sich für die verschiedenen ausgezeichneten Lagen die folgenden Diagrammbilder. Aus diesen folgt, daß die räumliche Lage des Wechselfeldes sich mit der Größe des Winkels φ ändert. Bei einer vollen Verdrehung der beiden Drehstromsysteme gegeneinander, also bei $\varphi = 360°$, dreht sich das Feld um 180°. Das Wechselfeld im Ständer dreht sich demgemäß mit der halben Geschwindigkeit der Phasenänderungen zwischen Netz und zuzuschaltender Maschine. Die Stärke des Wechselfeldes ist hierbei während der ganzen Umdrehung praktisch konstant. Dies ist auch aus dem Diagramm ohne weiteres ersichtlich, da die Summe der drei resultierenden Spannungen für alle gezeichneten Lagen annähernd gleich groß ist.

Der Läufer des Motors, d. h. die kurzgeschlossene Einphasenwickelung, stellt sich stets so ein, daß der in ihr induzierte Strom seinen Mindestwert behält. Er dreht sich daher im gleichen Sinne wie das induzierte Feld. Da das Feld sich bei einer vollen Verdrehung der beiden Drehstromsysteme um 360° nur um 180° dreht, gibt es für die Phasengleichheit bei dem zweipoligen Motor zwei einander gegenüberliegende Läuferstellungen. Der Drehsinn des Läufers erfolgt rechts oder links herum, je nachdem die eine Maschine die andere in der Phase überholt oder von ihr überholt wird, d. h. je nachdem die Frequenz der zuzuschaltenden Maschine höher oder niedriger ist als die des Netzes. Die Drehgeschwindigkeit hängt von dem Unterschied der Frequenz ab. Je größer der Unterschied zwischen der laufenden und der zuzuschaltenden Maschine ist, um so schneller dreht sich der Läufer. Das Drehmoment des Läufers ist konstant, da das induzierende Feld konstant ist. Das volle Drehmoment ist demnach auch bei Phasengleichheit unvermindert vorhanden. Dies ist besonders wichtig, weil infolge dieses konstanten Drehmomentes die Einstellung des Motors auf Phasengleichheit sehr genau ist. Die Einstellung des Läufers hängt hierbei lediglich von dem Winkel φ ab und ist von etwaigen Verschiedenheiten der Spannungen, sofern diese etwa 20% nicht übersteigen, unabhängig. In dieser Beziehung unterscheidet sich die Wirkungsweise des Schaltmotors wesentlich von anderen Vorrichtungen, die auf dem Prinzip der Hellschaltung beruhen.

c) Einfachste Anordnung zum Parallelschalten.

Das folgende Schaltbild zeigt die Gesamtanordnung der Parallelschaltvorrichtung in einfachster Form. Die Achse des Schaltmotors M trägt eine Nockenscheibe S mit zwei um 180° gegeneinander versetzten Einschnitten. Der gegen die Nockenscheibe
mit Federkraft anliegende Kontakthebel F wird daher bei jeder
Umdrehung des Schaltmotors zweimal den Kontakt K_1 schließen.
Der Kontakt K_1 liegt im Stromkreis einer Hilfsstromquelle PN
und eines Zeitrelais Z mit Uhrwerksverzögerung. Sobald durch

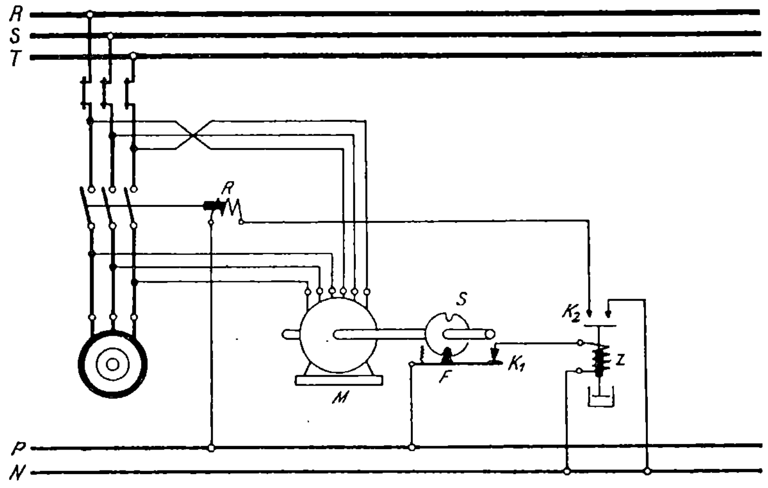

Fig. 85.

den Kontakt K_1 der Stromkreis geschlossen wird, tritt das auf
eine bestimmte Ablaufszeit eingestellte Uhrwerk des Zeitrelais
in Tätigkeit. Ist der Stromkreis genügend lange geschlossen,
d. h. erfolgt die Umdrehung der Nockenscheibe des Schaltmotors
genügend langsam, so erreicht das Zeitrelais seine Endstellung
und schließt den Kontakt K_2. Hierdurch wird das Schaltrelais R
erregt, das den Hauptschalter zwischen Netz und zuzuschaltender
Maschine einschaltet.

Diese einfache Anordnung wird vorzugsweise bei unruhig
laufenden Maschinen benutzt. Sie kommt demnach in erster
Linie bei Gasgeneratoren mit nicht zu großen Schwungmassen

in Frage, die bei Leerlauf unruhig laufen und sich daher sehr schwer parallelschalten lassen. Man wird sich daher bei diesen Maschinen damit begnügen, lediglich bei Phasengleichheit parallel zu schalten, ganz gleichgültig, ob diese Phasengleichheit bei Über- oder Untersynchronismus erreicht worden ist.

d) Anordnung mit Schleppkontakt zum Parallelschalten bei übersynchroner Drehzahl.

Bei sehr gleichmäßig laufenden Generatoren mit großen Schwungmassen kann man an die Parallelschaltvorrichtung

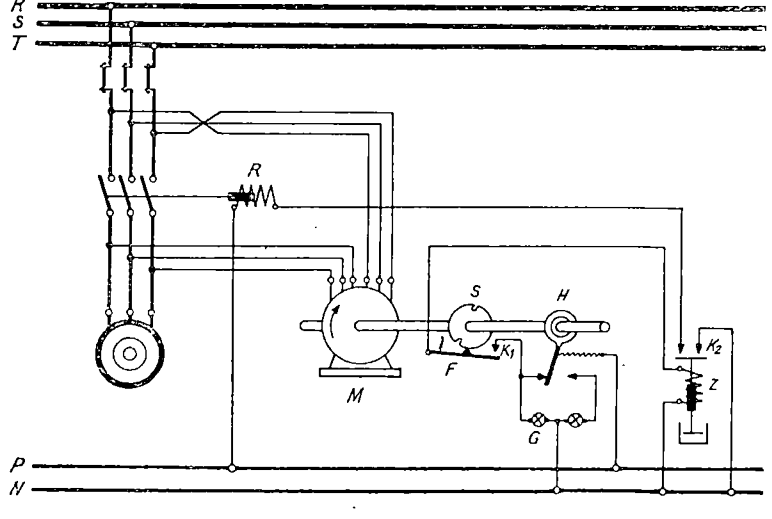

Fig. 86.

größere Ansprüche stellen und fordern, daß die Parallelschaltung nur bei Übersynchronismus, also bei etwas zu hoher Frequenz des zuzuschaltenden Generators, erfolgt. Hierdurch wird es erreicht, daß der zuzuschaltende Generator sofort nach dem Einschalten Energie ins Netz liefert, und zwar um so mehr, je schneller er sich vor dem Anschluß an das Netz gedreht hat. Diese Forderung ist insofern berechtigt, als das Netz gewöhnlich schon stark belastet ist, ehe man noch eine weitere Maschine in Betrieb nimmt. Es könnte daher eine erhebliche Störung des Betriebes eintreten, wenn etwa die zuzuschaltende Maschine aus dem stark belasteten Netz noch weitere Energie entnehmen und als Synchronmotor laufen würde.

Um es zu erreichen, daß Parallelschaltungen nur bei übersynchronem Lauf der zuzuschaltenden Maschine erfolgen, ist, wie es die nebenstehende Figur 86 zeigt, auf der Motorachse noch ein durch Reibung mitgenommener Schlepphebel H angebracht, der zwischen zwei Kontakten spielt. Dieser Hebel legt sich je nach der Drehrichtung des Motors am rechten oder linken Kontakt an. Der Stromkreis des Zeitrelais Z wird nun außer über den Kontakt K_1 noch über den linken Schlepphebelkontakt geführt. Bei der dem Übersynchronismus entsprechenden Rechtsdrehung des Schaltmotors wird dann der linke Kontakt des Schlepphebels dauernd geschlossen, so daß die Einschaltung des Zeitrelais lediglich von dem Kontakt K_1 abhängt. Bei Linksdrehung des Motors wird dagegen der Stromkreis des Zeitrelais dauernd unterbrochen und kann daher durch den Kontakt K_1 überhaupt nicht eingeschaltet werden. Die beiden Kontakte am Schlepphebel werden gleichzeitig noch dazu benutzt, um zwei verschiedenfarbige Signallampen einzuschalten. Läuft der zugeschaltete Generator zu schnell, also übersynchron, so leuchtet die linke Lampe auf. Läuft er dagegen zu langsam, so brennt die rechte Lampe. Diese Signallampen geben daher ohne weiteres dem Maschinenwärter ein Zeichen, in welchem Sinne die zuzuschaltende Maschine zu regeln ist.

Um die Verzögerung auszugleichen, die durch die Schaltvorrichtung und etwa noch zwischengeschaltete Schütze entsteht, muß das Kommando zum Parallelschalten stets etwas vor dem Eintritt der Phasengleichheit erfolgen. Dies ist dadurch erreicht, daß die Nockenscheibe auf der Achse des Schaltmotors etwas gegen die der Phasengleichheit entsprechende Normalstellung verdreht ist. Die Scheibe schließt dann den Kontakt K_1 schon bevor die Phasengleichheit erreicht ist und unterbricht ihn etwa in dem Augenblick, wo die Phasengleichheit eben überschritten wird. Für die Rückwärtsdrehung des Schaltmotors steht dann allerdings die Nockenscheibe in einer falschen Stellung, aber dies ist belanglos, da dann der Schlepphebel an dem rechten Kontakt anliegt, so daß der Stromkreis des Zeitrelais dauernd unterbrochen ist.

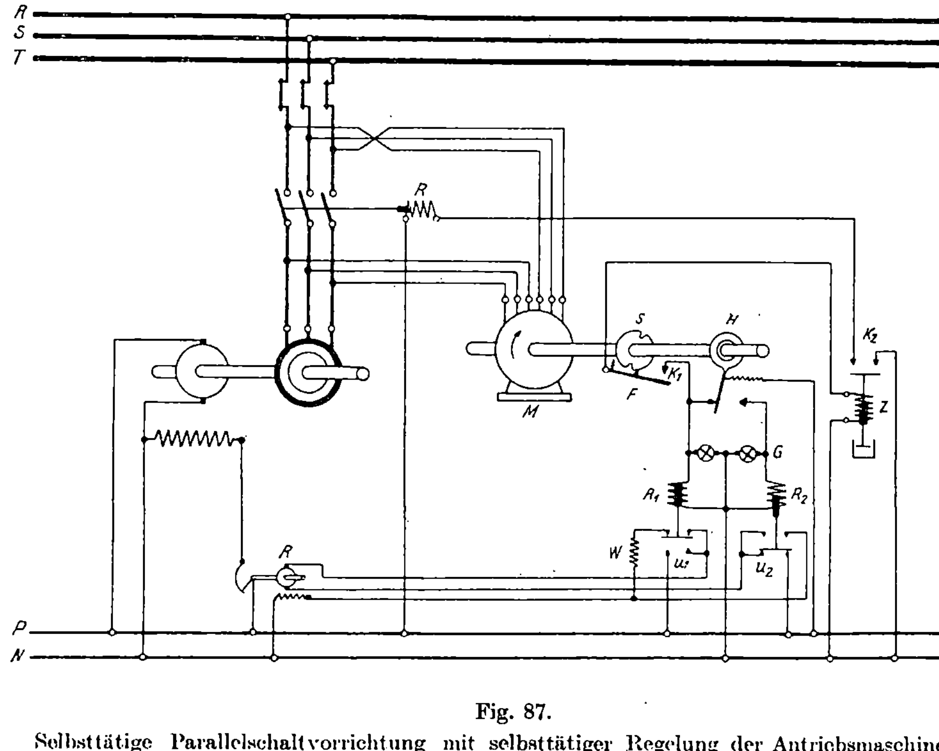

Fig. 87.

Selbsttätige Parallelschaltvorrichtung mit selbsttätiger Regelung der Antriebsmaschine.

e) Selbsttätige Regelung der Antriebsmaschine.

Die beschriebene Einrichtung kann auch dazu benutzt werden, um die Antriebsmaschine der an das Netz anzuschließenden Maschine selbsttätig im richtigen Sinne zu regeln und auf die synchrone Drehzahl zu bringen. Hierbei ist es an sich gleichgültig, ob die Antriebsmaschine eine Dampfmaschine, eine Dampfturbine, ein Gasmotor, ein Ölmotor oder endlich der Motor eines Umformers ist. In der Fig. 87 auf S. 108 ist die Gesamtschaltung der Einfachheit halber für einen Gleichstrom-Drehstromumformer angegeben. Parallel zu den beiden Signallampen G sind die beiden Steuerrelais R_1 und R_2 angeschlossen. Das Relais R_1 wird dann eingeschaltet, wenn Übersynchronismus vorhanden ist, während das Relais R_2 bei Untersynchronismus eingeschaltet wird. Durch diese Steuerrelais werden die Relaiskontakte U_1 und U_2 betätigt. In der Figur legt sich der Schleppkontakt K links an, entsprechend ist das Steuerrelais R_1 erregt und zieht seinen Anker an, so daß der obere Kontakt von U_1 geschlossen wird. Das Relais R_2 ist dagegen stromlos, so daß der untere Kontakt von U_2 geschlossen bleibt. Der Anker A des als Hilfsmotor dienenden Hauptstrommotors wird daher von unten nach oben vom Strom durchflossen. Der Hilfsmotor dreht sich daher in dem entsprechenden Drehsinne und beeinflußt durch Regelung des Feldwiderstandes den Antriebsmotor der zuzuschaltenden Maschine etwa in verlangsamendem Sinne. Die zuzuschaltende Drehstrommaschine läuft daher jetzt etwas zu langsam, infolgedessen kehrt der Schaltmotor seine Richtung um. Der Schlepphebel K legt sich an den rechten Kontakt an, so daß das Relais R_2 nunmehr eingeschaltet ist, während R_1 stromlos wird. Infolgedessen wird der obere Kontakt von U_2 und der untere Kontakt von U_1 geschlossen. Hierdurch wird der Strom im Anker des Hilfsmotors umgekehrt; der Hilfsmotor ändert daher seine Drehrichtung und beeinflußt den Antriebsmotor der zuzuschaltenden Maschine in beschleunigendem Sinne. Wie aus dem nebenstehenden Schaltbild hervorgeht, ist in den Stromkreis des Hilfsmotors ein Widerstand W eingeschaltet, wenn die oberen Kontakte des Umschalters U_1 geschlossen sind. Der Hilfsmotor dreht sich daher in der einen Richtung langsamer als in der anderen Richtung. Dies ist für die selbsttätige Regelung sehr vorteilhaft. Würde der Motor nach beiden Richtungen gleich schnell laufen, so würde bei völligem Synchronismus ein dauerndes Pendeln des Schaltmotors M um eine Stellung eintreten können, bei der voraussichtlich keine Phasengleichheit stattfindet. Durch die absichtlich eingeführte Ungleichheit in der Reguliergeschwindigkeit tritt das Pendeln um eine stetig fortschreitende Phasenstellung ein, so daß nach kurzer Zeit eine Phasenstellung erreicht wird, bei der das Parallelschalten ausgeführt werden kann. Diese Einrichtung bewirkt also durch die Pendelerscheinungen das, was sonst der Wärter von Hand machen würde. Sie gibt immer nur Regelungsstöße im richtigen Sinne und macht fortgesetzt den Versuch, den Generator auf Synchronismus zu bringen.

f) Verhütung von Fehlschaltungen.

Bei den vorher beschriebenen Schaltungen könnte eine Fehlschaltung dadurch eintreten, daß der Schaltmotor etwa durch Leitungsbruch so stehen bleibt, daß der Kontakt K_1 dauernd geschlossen ist. Dies kann dadurch vermieden werden, daß man in den Stromkreis des Schaltrelais noch eine besondere Drucktaste einschaltet, die vom Schalttafelwärter erst dann niedergedrückt wird, wenn der Motor sich wirklich dreht. Um auch hierin von der Achtsamkeit des Wärters unabhängig zu werden, verwendet man an Stelle eines einfachen Zeitrelais ein Spezial-Zeitrelais Z, dessen Einrichtung aus der folgenden Figur ersichtlich ist.

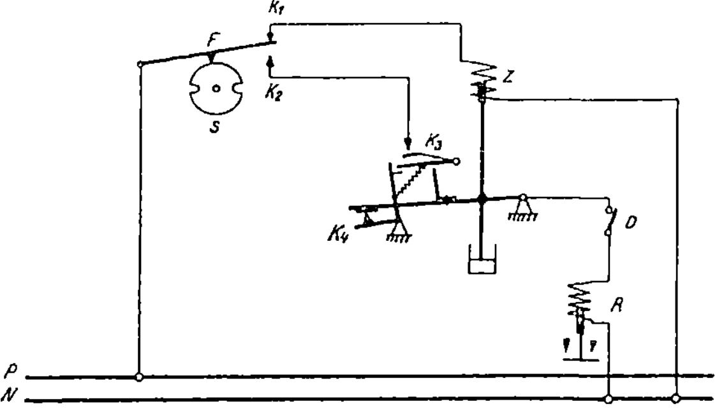

Fig. 88.

Dieses Spezialrelais ist im Gegensatz zu dem bisher beschriebenen Relais dauernd unter Strom und wird durch den Kontakt K_1 im Augenblick der Phasengleichheit stromlos gemacht. Bei

Stromschluß zieht die Spule des Spezialrelais ihren Anker sofort in die obere Lage. Hierdurch kommt der Kontakt K_3 zum Schluß, während die Verbindung in K_4 unterbrochen wird. Bei Phasengleichheit schnappt der Kontakthebel T des Schaltmotors in die Einschnitte der Scheibe, so daß der Kontakt K_1 unterbrochen und der Kontakt K_2 geschlossen wird. Durch das Unterbrechen des Kontaktes K_1 wird das Spezialzeitrelais stromlos, sein Eisenkern sinkt langsam entsprechend der Zeiteinstellung des Relais herab. Hierdurch wird, falls die Stromunterbrechung, also die Phasengleichheit lange genug dauert, der Kontakt K_4 geschlossen, während gleichzeitig der federnde Kontakt K_3 noch bestehen bleibt. Dann ist über die Kontakte K_2, K_3, K_4 und D der Stromkreis des Schaltrelais R eingeschaltet, so daß die Parallelschaltung vollzogen wird.

Hält die Phasengleichheit nur kurze Zeit an, so wird der Stromkreis des Schaltrelais schon wieder bei K_2 unterbrochen, ehe der Kontakt bei K_4 hergestellt ist. Das Schaltrelais kann daher in diesem Falle nicht in Tätigkeit treten. Unmittelbar nach der Unterbrechung von K_2 wird aber schon wieder der Kontakt K_1 geschlossen, das Zeitrelais zieht seinen Anker wieder an, und das Spiel beginnt von neuem. Solange keine Phasengleichheit besteht, ist der Kern des Spezialrelais Z stets angezogen. Tritt in dieser Lage ein Drahtbruch oder unsicherer Kontakt in der Zuleitung auf, so fällt der Kern des Relais herab und schließt den Kontakt K_4. Hierdurch kann aber in keinem Falle eine Fehlschaltung erfolgen, da dann der Kontakt K_2 noch geöffnet ist.

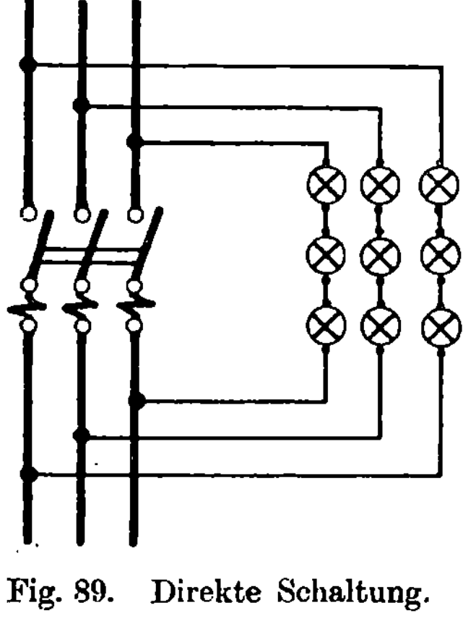

Fig. 89.   Direkte Schaltung.

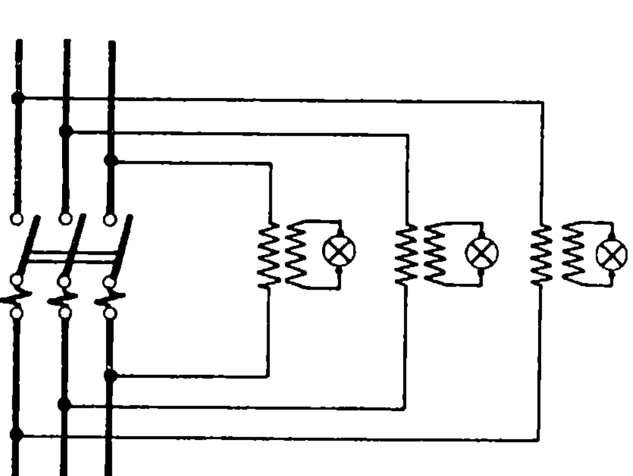

Fig. 90.   Indirekte Schaltung.

Schaltungen zur Kontrolle des Drehfeldes.

VI. Schaltungskontrolle.

a) Kontrolle auf richtiges Drehfeld.

Vor dem endgültigen Anschließen einer Drehstrommaschine
ermittelt man zunächst den Richtungssinn des von ihr erzeugten
Drehfeldes. Dieses muß den gleichen Richtungssinn wie das
vom Netz bzw. von den anderen laufenden Maschinen erzeugte
Drehfeld haben. Um dies festzustellen, öffnet man den Maschinenschalter und schließt zwischen die drei Klemmenpaare des Schalters
eine Anzahl Glühlampen an, wie Fig. 89 zeigt. Die Lampenzahl
muß so groß sein, daß jede in Reihe geschaltete Gruppe eine
Spannung aushalten kann, die um 15% höher als die Netzspannung liegt. Dann schließt man die Maschine an die Maschinen-
kabel an und setzt sie in Betrieb. Bei richtigem Drehfeld und
annähernd synchroner Drehzahl der Maschinen müssen die drei
Lampengruppen gleichzeitig aufleuchten und verlöschen. Leuchten die Lampen nicht gleichzeitig, sondern der Reihe nach auf,
wie es auf S. 23 beschrieben ist, so folgt daraus, daß das Drehfeld der zuzuschaltenden Maschine in anderem Richtungssinn umläuft wie das des Netzes. Um dies richtig zu stellen, müssen zwei
Anschlußkabel an der Maschine vertauscht werden. Bei Hochspannung kann man die Anzahl der für diese Kontrollschaltung
erforderlichen Lampen dadurch beschränken, daß man die Versuche
bei unerregten Maschinen vornimmt. Man hat in diesem Falle
nur mit einer geringen Remanenzspannung von etwa 5—10% der
Betriebsspannung zu rechnen. Ist es nicht möglich, die Anlage
mit unerregten Maschinen laufen zu lassen, so benutzt man drei
für die Netzspannung bemessene Spannungswandler, die allerdings bei dieser Schaltung um 15% überlastet werden, und schaltet nach dem Schaltbild Fig. 90. Auch die Herstellung dieser
Schaltung wird kaum Schwierigkeiten machen, da Spannungswandler für die Netzspannung wohl stets in genügender Zahl
vorhanden sein werden. An Stelle der Glühlampen kann man

zur Kontrolle des Drehfeldes auch einen Drehfeldrichtungsanzeiger oder schließlich auch einen beliebigen Asynchronmotor benutzen. Der Drehfeldrichtungsanzeiger muß ebenso wie der Asynchronmotor im gleichen Drehsinn umlaufen, wenn er bei gleichsinnigem Anschluß vom Netz oder von der zuzuschaltenden Maschine gespeist wird.

b) Kontrolle auf richtige Schaltung.

Bei den direkten Schaltungen läßt sich eine für alle Fälle geltende elektrische Kontrolle nicht ohne weiteres anstellen. Bei Dunkelschaltung kann man zwar die im vorhergehenden Abschnitt angegebene Schaltung benutzen, jedoch treten hierbei an den drei Lampengruppen verschiedene Spannungen auf, so daß die eine Lampenreihe unter Umständen etwas überlastet wird. Aber immerhin müssen auch dann die drei Lampengruppen gleichzeitig und zugleich mit der Phasenlampe verlöschen, und das verwendete Anzeigeinstrument muß auf Synchronismus zeigen. Bei Hellschaltung kann jedoch diese einfache Schaltung nicht verwendet werden, da die eigentliche Parallelschalteinrichtung durch diese Kontrollschaltung gestört würde. Man könnte höchstens auch an den Schalterkontakten eine ein p h a s i g e Hellschaltung nach dem Schaltbild auf S. 11 ausführen, jedoch müßte diese an den gleichen Phasen liegen wie die eigentliche Parallelschalteinrichtung. Jedenfalls wird sich hierbei ein genaues Verfolgen der einzelnen Leitungen nicht umgehen lassen, wenn man Trugschlüsse vermeiden will.

Bei den indirekten Schaltungen läßt sich für alle Schaltmöglichkeiten eine einfache elektrische Kontrolle in der Weise ausführen, daß man die drei Maschinenanschlußleitungen unmittelbar an der Maschine abtrennt und isoliert. Schließt man dann den Maschinenschalter, so treten vor und hinter dem Schalter genau die gleichen Spannungsverhältnisse auf. Die Sekundärspannungen der für die Meßeinrichtung dienenden Spannungswandler müssen sich daher in gleicher Weise addieren bzw. subtrahieren, wie es im normalen Betriebsfalle auftritt, d. h. die an die Sekundärseite der Meßwandler angeschlossenen Meßinstrumente müssen den Augenblick des Parallelschaltens anzeigen. Bei Dunkelschaltung müssen daher die Phasenlampen verlöschen und der Nullspannungsmesser auf Null zeigen, während bei Hell-

schaltung die Phasenlampen hell brennen müssen und der Summenspannungsmesser über der roten Kennmarke einspielen muß.
Wird an Stelle eines Null- oder Summenspannungsmessers ein
Synchronoskop benutzt, so muß dieses sich auf die dem Synchronismus entsprechende rote Marke fest einstellen. Etwaige Schalt-
fehler ergeben sich bei dieser Kontrolle ohne weiteres. Zeigt sich
z. B. daß bei Dunkelschaltung die Phasenlampen mit geringer Lichtstärke leuchten und der Nullspannungsmesser etwa die halbe
Spannung anzeigt, so läßt dies darauf schließen, daß der Maschinen-
spannungswandler primär an eine falsche Phase angeschlossen
ist. Leuchten andererseits die Phasenlampen mit voller Spannung und zeigt der Nullspannungsmesser die volle Spannung an,
so müssen die Anschlüsse auf der Sekundärseite des Maschinenspannungswandlers vertauscht werden.

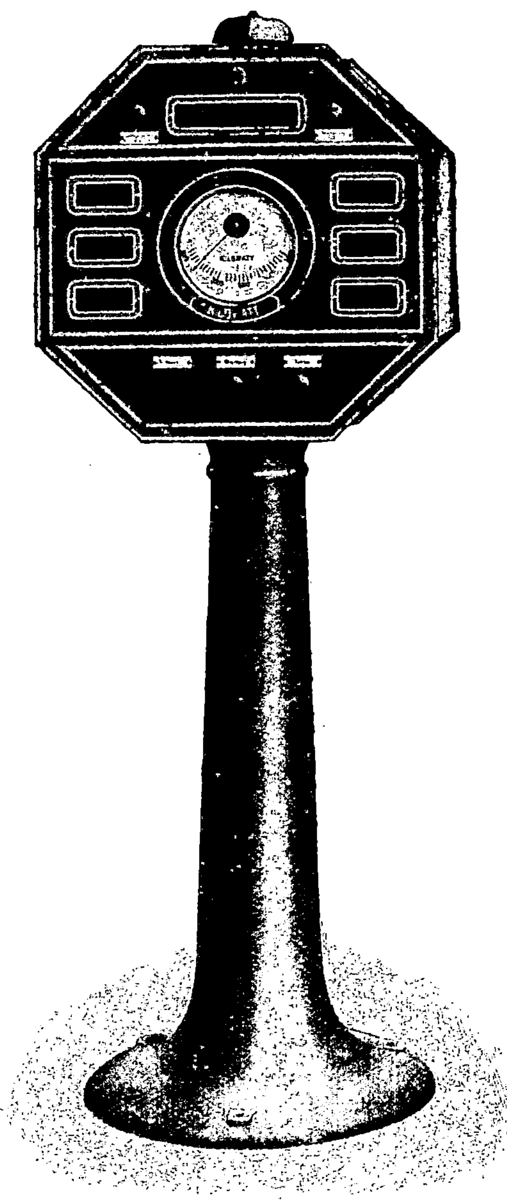

Fig. 91.   Glühlampentafel auf Säule.

VII. Elektrische Befehlsübertragung zwischen Schaltbühne und Maschinenraum.

a) Allgemeines.

Die für das Parallelschalten erforderliche genaue Einregelung der Maschinen setzt voraus, daß zwischen der Schaltbühne und den einzelnen Maschinen eine gute Verständigung möglich ist. Bei den früheren kleineren Kraftwerken war es vielleicht möglich, sich durch Zurufe oder Winke, vielleicht auch durch einfache Glockensignale zu verständigen. Bei den modernen großen Kraftwerken wird dies jedoch durch die Größe der Maschinenräume und durch das Geräusch der laufenden Maschinen praktisch unmöglich. Die Zeichen würden in vielen Fällen ganz überhört oder, was ebenso schlimm ist, falsch verstanden werden. Man kam daher schon bald dazu, besondere Signalanlagen zur Verständigung zwischen Maschinen und Schaltbühne zu benutzen, um so mehr, als bei den neueren Anlagen die Schalteinrichtungen zumeist nicht mehr im Maschinenraum, sondern in einem besonderen Schaltraum untergebracht sind.

Die Signaleinrichtungen werden entweder als Glühlampentafeln oder als Zeigerapparate ausgeführt. Die Zeigerapparate lehnen sich in ihrer Bauform eng an die Kommandoapparate an, die auf Schiffen in größtem Umfange benutzt werden und sich durch ihre große Betriebssicherheit auszeichnen. Da die Ausführungsformen dieser Signaleinrichtungen wenig bekannt sind, sollen sie im nachstehenden etwas eingehender besprochen werden.

b) Glühlampentafeln.

Die Glühlampentafeln werden zweckmäßig in Form einer Kommandosäule ausgeführt, die so aufgestellt wird, daß sie von allen Maschinen aus bequem übersehen werden kann. Die Signalanlage wird unmittelbar an das Lichtnetz angeschlossen.

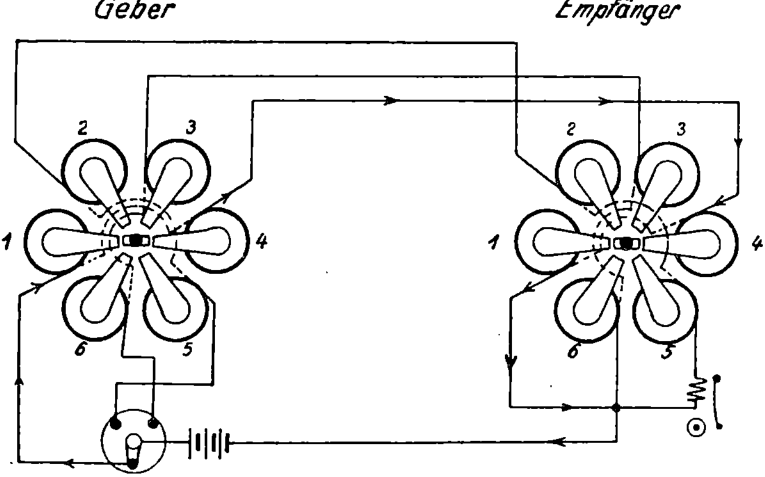

Fig. 92.

Schaltung des Zeiger-Befehlsapparates mit Sechsspulenmotor für Gleichstrom.

Fig. 93. Empfänger zum Zeiger-Befehlsapparat mit Sechsspulenmotor.

Die Lampentafel enthält bei der abgebildeten Ausführung 7 Lichtfächer, die durch rote, mit den Kommandoaufschriften versehene Glasscheiben abgeschlossen werden. Die linke Seite enthält die Hauptbefehle „Anlassen", „Abstellen", „Fertig", die rechte Seite die für die feinere Regelung erforderlichen Befehle „Schneller", „Langsamer", „Gut". Die mittlere Scheibe dient für das Notsignal „Maschine in Gefahr". Sämtliche Aufschriften sind nur dann sichtbar, wenn die dahinter befindlichen Lampen eingeschaltet sind.

Die Arbeitsweise einer derartigen Signaleinrichtung ist außerordentlich einfach. Soll ein Befehl gegeben werden, so gibt der Schalttafelwärter zunächst mit der Ruftaste ein Glockenzeichen als Achtungssignal. Darauf schaltet er das mit dem entsprechenden Befehl bezeichnete Signal ein. An der Glühlampentafel im Maschinenraum leuchtet dann das zugehörige Befehlsfeld gleichzeitig mit dem entsprechenden Kontrollfeld im Schaltraum auf. Die Lampen brennen an beiden Stellen so lange, bis der Maschinist mit der Quittungstaste den Befehl bestätigt. Hat der Maschinist den erhaltenen Befehl ausgeführt, so drückt er die Fertigtaste. Es leuchten dann die Lampen des Fertigsignals sowohl im Schaltraum als auch zur Kontrolle an der Lampentafel auf. Außerdem ertönt im Schaltraum eine Rasselglocke so lange, bis dort die Quittungstaste niedergedrückt wird. Besteht Gefahr für die Maschine, so gibt der Maschinist das Notsignal „Maschine in Gefahr". Auch hierbei leuchten die zugehörigen Lampen sowohl an der gebenden wie an der Empfangsstelle auf, bis das Signal mit der Quittungstaste abgestellt und dadurch bestätigt wird.

c) Zeiger-Befehlsapparat mit Sechsspulen-Motor, für Gleichstrom.

Das Triebwerk dieses von der Siemens & Halske A.-G. gebauten Apparates besteht aus sechs im Kreise angeordneten Elektromagneten, deren Kerne oben und unten radiale Polschuhe besitzen. Zwischen diesen Polschuhen bewegen sich oben und unten zwei kleine Magnetanker, die auf einer gemeinsamen Welle sitzen. Auf dieser Welle ist eine kleine Schnecke angebracht, die die Zeigerwelle antreibt. Wie aus dem nebenstehenden Schaltbild ersichtlich ist, sind stets je zwei gegenüberliegende Spulen in Reihe verbunden und zwar so, daß sie oben wie unten einander ungleichnamige Pole zuwenden. Die einzelnen Spulenpaare werden durch einen kleinen Kurbelschalter der Reihe nach eingeschaltet. Steht z. B. die Kurbel in der eingezeichneten Stellung, so wird das Spulenpaar 1—4 vom Strome durchflossen. Die Anker stellen sich dann in die Richtung der Polverbindungslinie ein. Dreht man die Schalterkurbel auf den nächsten Kontakt, so wird das Spulenpaar 5—2 eingeschaltet und der Anker stellt sich wieder in die entsprechende Pollinie ein. Bei einer vollen Kurbelumdrehung dreht sich der Anker ruckweise um 180°. Es sind also zwei Kurbelumdrehungen für eine volle Umdrehung des Ankers erforderlich. Um eine möglichst große Anzahl von Befehlen auf einer Skala unterzubringen, ist die Übertragung zwischen Anker und Zeiger so gewählt, daß der Zeiger bei jeder vollen Kurbelumdrehung um ein Skalenfeld vorrückt. Damit man am Geber unmittelbar sieht, welcher Befehl gegeben worden ist, ist am Geberapparat ebenfalls ein Sechsspulenmotor angebracht, der in Reihe mit dem Motor des Empfangsapparates liegt. Dann werden die Zeiger beider Apparate stets auf dem gleichen Befehlsfeld stehen. Gleichzeitig mit dem optischen Signal kann auch ein akustisches Signal, z. B. durch einen Einschlagwecker, gegeben werden, so daß bei jedem Zeigersprung von einem Befehlsfeld zum anderen ein Glockenschlag ertönt. Um es zu erreichen, daß die Anzahl der Glockenschläge der Nummer des Befehlsfeldes entsprechen, muß der Zeiger des Geberapparates vor Beginn jeder Befehlsabgabe stets auf das Nullfeld zurückgekurbelt werden. Durch eine besondere Vorrichtung wird es hierbei erreicht, daß der Wecker beim Zurückkurbeln nicht ertönt. Die Speisung der Einrichtung erfolgt durch Gleichstrom bis 220 Volt.

Diese einfache und älteste Vorrichtung ist insofern noch nicht vollkommen, als die gegenseitige Lage der Zeiger des Geber- und Empfangsapparates nicht eindeutig ist. Wenn z. B. durch äußeren Eingriff der Zeiger des Empfangsapparates gegenüber dem des Geberapparates verstellt ist, wie es bei der Montage vorkommen kann, so wird er beim Einschalten des Stromes nicht ohne weiteres in die richtige vom Geberapparat vorgeschriebene Stellung gehen, da der unpolarisierte Anker des Sechsspulenmotors auch in die um 180° verdrehte Lage einspringen kann. Man muß daher vor der Inbetriebnahme die Geber- und Empfangsapparate erst in Übereinstimmung bringen. Dies geschieht in einfacher Weise dadurch, daß man den Geberapparat von der Nullage in die Endstellung und dann wieder zurück auf Null kurbelt. Diese Unbequemlichkeit wird bei den folgenden Einrichtungen vermieden.

d) Zeiger-Befehlsapparat mit Dreispulen-Anker, für Gleichstrom.

Das Empfängersystem dieser ebenfalls von Siemens & Halske gebauten Einrichtung besteht aus einem Trommelanker mit drei in Dreieckschaltung verbundenen Spulen. Der Trommelanker ist in einem zweipoligen, durch eine Nebenschlußwickelung

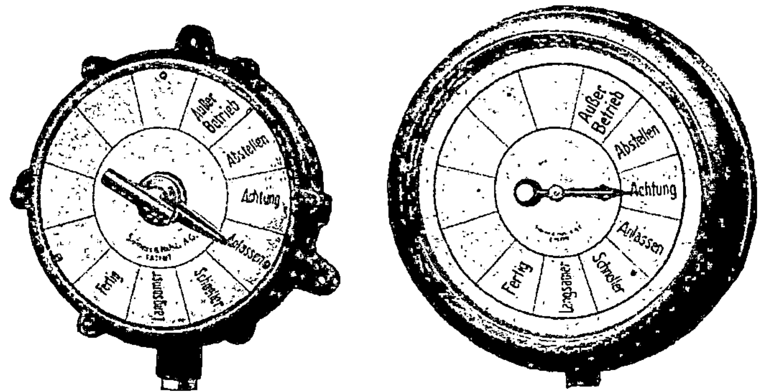

Fig. 94—95.

erzeugten Magnetfelde drehbar gelagert. Auf der Achse des Trommelankers befindet sich der über der Befehlsskala spielende Zeiger.

Die Gebervorrichtung besteht lediglich in einer Schaltwalze, die die Stromzuführung zu dem Trommelanker vermittelt. Die Schaltwalze hat 12 durch Rasten gesicherte Schaltstellungen. Sie wird durch einen Handgriff eingestellt, der einen ebenfalls über einer Befehlsskala spielenden Zeiger trägt.

Die Abwicklung der Schaltwalze und die zugehörigen Leitungsverbindungen sind auf dem umstehenden Schaltbild dargestellt. Zum leichteren Verständnis sind darunter noch die einzelnen Schaltstufen in besonderen Stromlaufbildern herausgezeichnet. In diesen Stromlaufbildern ist der Anker zunächst als feststehend

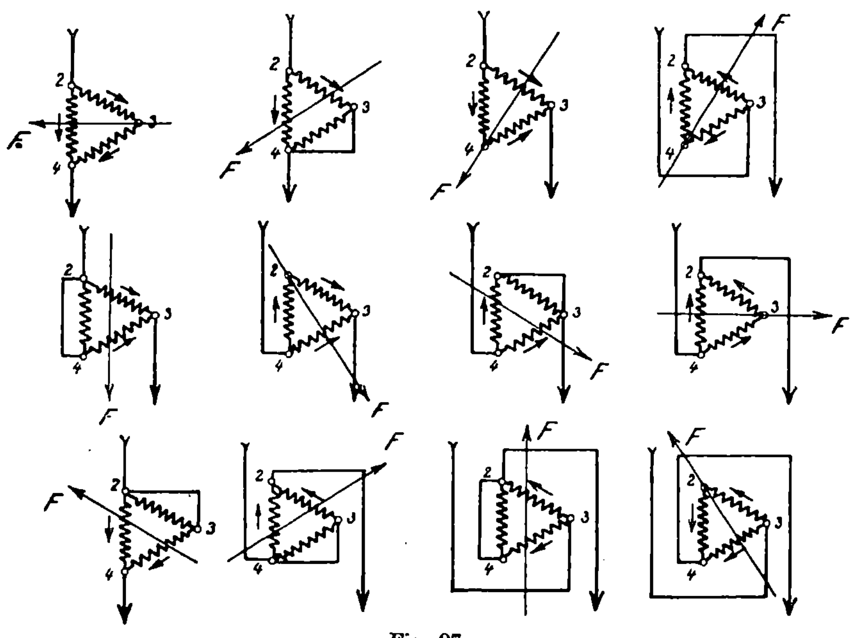

Fig. 96.

Schaltung des Zeiger-Befehlsapparates mit Dreispulenanker
für Gleichstrom.

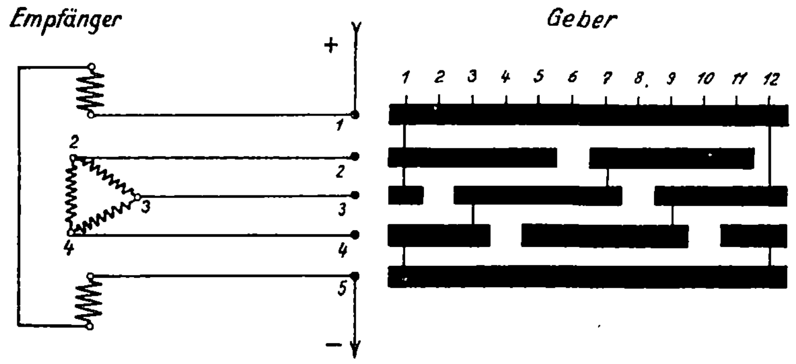

Fig. 97.

Schaltstufen für die verschiedenen Zeigerstellungen des Gebers.

gedacht. Das vom Anker erzeugte Magnetfeld ist hierbei durch einen Pfeil F angedeutet. Wie die Bilder zeigen, dreht sich das vom Anker erzeugte Feld bei jeder Schaltstufe um 30° weiter, so daß es nach 12 Schaltstufen eine volle Umdrehung ausgeführt hat. Die einzelnen Stellungen des Feldes sind vollkommen eindeutig, da sie nur von der Richtung der jeweils im Anker fließenden Ströme abhängen. Es entspricht demnach jeder Stromverteilung im Anker eine ganz bestimmte Feldrichtung. Bei der tatsächlichen Ausführung des Apparates wird das Ankerfeld durch das feststehende Erregerfeld in einer bestimmten Lage festgehalten. Infolgedessen bleibt das Feld stehen und der Anker dreht sich relativ zum Feld um den gleichen Winkel. Mit dem Anker dreht sich aber der auf seiner Achse befindliche Zeiger. Es ergeben sich somit entsprechend den 12 Stellungen der Schaltwalze auch 12 verschiedene Ankerstellungen. Bei jeder Schaltstufe wird die Schaltwalze um 30° gedreht und der Anker dreht sich um den gleichen Winkel. Er bewegt sich also in genauer Übereinstimmung mit der Schaltwalze, so daß der Zeiger des Empfangsapparates stets auf das gleiche Befehlsfeld zeigt wie der Zeiger des Geberapparates. Zum Betriebe der Einrichtung dient Gleichstrom von 30 Volt Spannung. Bei Verwendung eines entsprechenden Vorschaltwiderstandes kann die Einrichtung jedoch auch an ein Gleichstromlichtnetz angeschlossen werden.

Da bei diesem System die Lage des Ankers des Empfangsapparates eindeutig durch die Richtung der in ihm fließenden Ströme bestimmt wird, ist bei diesem Apparat auch durch äußeren Eingriff eine Störung der Übereinstimmung der beiden Zeiger nicht möglich. Die Zeiger werden sich vielmehr sofort nach Einschalten des Stromes selbsttätig auf das gleiche Befehlsfeld einstellen. Da jeder Schaltstufe ein Drehwinkel der Schaltwalze um 30° entspricht, sind bei diesem Apparat nur 12 verschiedene Befehlsübertragungen möglich.

e) Zeiger-Befehlsapparat nach dem Wechselstromsystem.

Bei dem Wechselstromsystem der Siemens & Halske A.-G. sind Geber und Empfänger vollkommen gleich aufgebaut. Die grundsätzliche Anordnung geht aus dem nachstehenden Schaltbild hervor. Jeder Apparat besteht aus einem zweipoligen, aus geblättertem Eisen aufgebauten Magnetgestell a und einem drei-

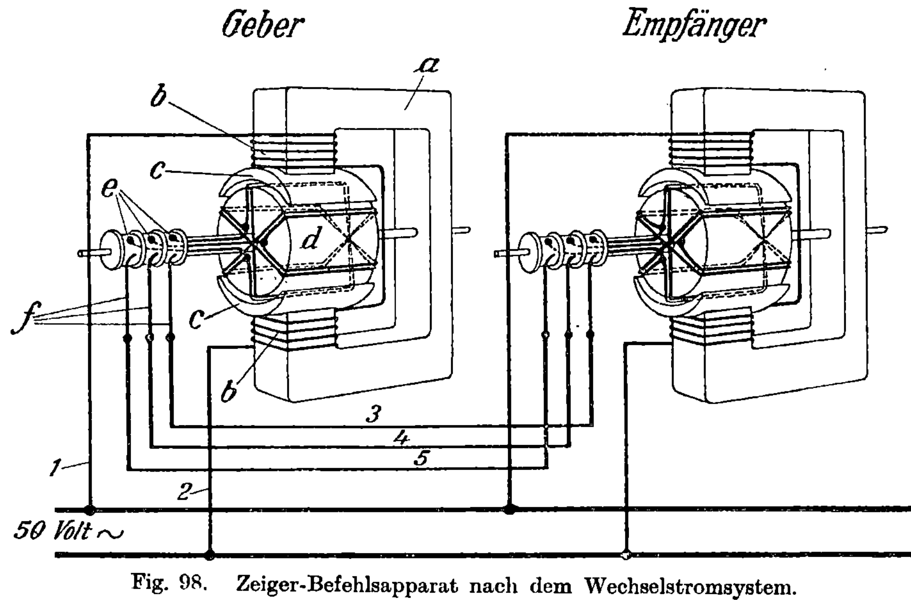

Fig. 98.   Zeiger-Befehlsapparat nach dem Wechselstromsystem.

phasig gewickelten Anker *d*. Die Erregerwickelungen *b* der beiden
Magnetgestelle werden in Nebeneinanderschaltung mit 50 Volt
Einphasenstrom gespeist. Die in diesen Magnetgestellen erzeugten
Wechselfelder sind demnach in Phase. Die beiden dreiphasigen
Anker sind über je drei Schleifringe miteinander gleichpolig verbunden. Sind die beiden Anker in genau gleicher Lage, so werden
in ihren Wickelungen genau die gleichen Elektromotorischen Kräfte
induziert. Sie heben einander auf, da die Anker gegeneinander
geschaltet sind. Wird der eine der beiden Anker, z. B. der Anker
des Gebers, gedreht, so ändern sich die in seinen Spulen indu-
zierten Elektromotorischen Kräfte. In den Verbindungsleitungen
der beiden Anker entstehen daher Ausgleichströme, die den Anker
des Empfängers so lange drehen, bis die dort induzierte Elektromotorische Kraft gleich der des Gebers geworden ist, also bis
kein Ausgleichstrom mehr fließt. Dies wird aber erst dann erreicht, wenn der Anker des Empfängers genau die gleiche Stellung
gegenüber den Polen einnimmt. Die beiden Anker werden demgemäß unter dieser Wechselwirkung stets die gleiche relative
Lage gegenüber den Magnetpolen einnehmen, d. h. die auf ihrer
Achse befindlichen Zeiger werden stets auf das gleiche Befehlsfeld zeigen.

In der Ausführung unterscheiden sich Geber und Empfänger
zunächst darin, daß die Ankerachse des Gebersystems von außen
verstellt werden kann, während die Ankerachse des Empfänger-
systems frei beweglich ist. Um ein schwankungsfreies Einstellen
des Zeigers zu erzielen, ist das Empfängersystem mit einer elektro-
magnetischen Dämpfung versehen.

Mit einem Geber können, wie das nachstehende Bild zeigt,
beliebig viele Empfänger verbunden werden, ohne daß dadurch
die Zahl der Leitungen vermehrt würde. In jedem Falle sind
fünf Leitungen, und zwar zwei für die Felderregung und drei
für die Anker erforderlich. Die Empfängersysteme haben
hierbei stets die gleiche Größe, während das Gebersystem je
nach der von ihm verlangten Leistung, d. h. je nach der
Anzahl der zu betreibenden Empfänger verschieden bemessen
sein muß.

Der Zeigerbefehlsapparat nach dem Wechselstromsystem ist
die vollkommenste Art der elektrischen Befehlsübertragungen. Die
Zeiger stellen sich sofort beim Einschalten des Stromes richtig

ein, da jeder Lage des Geberankers nur eine Stellung des Empfängerankers entspricht. Die Einstellung der Zeiger erfolgt energisch und daher sicher. Die Anzahl der zu übertragenden Befehle kann beliebig groß sein, dabei ist die Schaltung äußerst einfach und übersichtlich und durch Fortfall jeder Stromunterbrechungsvorrichtung sehr betriebssicher. Mit dem Geberapparat kann

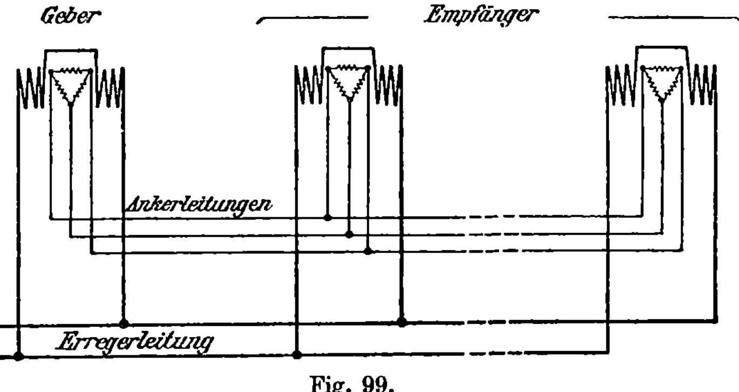

Fig. 99.

auch eine Kontaktvorrichtung verbunden werden, die bei jeder Bewegung des Geberankers ein Weckersignal einschaltet. Es ertönt dann bei jeder Befehlsabgabe ein Achtungssignal. Die Übereinstimmung der Anzahl der Glockenschläge mit der Nummer des Befehlsfeldes, wie dies beim Sechsspulenmotor möglich ist, kann allerdings hierbei nicht erreicht werden.

Verzeichnis der Schaltbilder vollständiger Parallelschalteinrichtungen.

Verlag von Julius Springer in Berlin W 9

Meßgeräte und Schaltungen für
Wechselstrom-Leistungsmessungen

Von **Werner Skirl**
Oberingenieur

Mit 215 Abbildungen — Gebunden Preis M. 26.—

Aus den zahlreichen Besprechungen:

... Das Buch ist für die Bedürfnisse der Praxis geschrieben. Es ist entstanden aus einer Reihe von Anweisungen, die der Verfasser als Ingenieur der Firma Siemens & Halske geschrieben hat.

Der erste Teil behandelt die Meßgeräte; es wird nach der Meßgenauigkeit eine Dreiteilung vorgenommen: Tragbare Laboratoriums-, tragbare Prüffeld- und tragbare Betriebsinstrumente, und zwar werden die Strom-, Spannungs- und Leistungsmesser, die Leistungsfaktormesser, Frequenzmesser und Meßwandler besprochen. Ein zweiter Teil behandelt die Meßschaltungen der Technik in seltener Ausführlichkeit; in einem Anhang werden die wichtigsten Daten über die von der Firma gebauten Drehspul-Instrumente gegeben.

Die Ausstattung des Buches ist vorzüglich, das Format sehr handlich; das Buch kann allen denen bestens empfohlen werden, die sich mit Wechsel- und Drehstrom-Messungen zu beschäftigen haben und die sich möglichst schnell über alle möglichen Schaltungen und die zu erwartende Meßgenauigkeit orientieren wollen.

("Helios", Heft 10, 1921.)

... Aus der Feder des Verfassers einer Reihe von technischen Anweisungen für Meßinstrumente und auf Grund seiner praktischen Erfahrungen mit diesen erhält die Fachwelt ein handliches Nachschlagebuch über das Gebiet der Meßkunde. Für die einzelnen Messungen sind alle erforderlichen Schaltungen, Formeln und Anweisungen zur Auswertung der Meßresultate so wiedergegeben, daß auch der weniger geübte Fachmann leicht danach arbeiten kann. Meßschaltungen für Hochspannung mit Strom- und Spannungswandlern sind eingehend erörtert. Sicherlich wird das aus der Praxis entstandene Buch auch in der Praxis die erwünschte Aufnahme finden.

(Das Technische Blatt der Frankfurter Zeitung, Nr. 26, 1920.)

Elektrotechnische Meßkunde. Von Dr.-Ing. **P. B. Arthur Linker.** D r i t t e, völlig umgearbeitete und erweiterte Auflage. Mit 408 Textfiguren. Gebunden Preis M. 54.—

Elektrotechnische Meßinstrumente. Ein Leitfaden von **Konrad Gruhn.** Mit 321 Textabbildungen. Preis M. 17.—; gebunden M. 23.—

Messungen an elektrischen Maschinen. Apparate, Instrumente, Methoden, Schaltungen. Von **Rud. Krause.** V i e r t e, gänzlich umgearbeitete Auflage. Von Ingenieur **Georg Jahn.** Mit 256 Textfiguren und einer Tafel. Gebunden Preis M. 28.—

Die Berechnung der Anlaß- und Regelwiderstände. Von **Erich Jasse,** Ingenieur. Mit 65 Abbildungen im Text. Preis M. 27.—

Der Wechselstromkompensator. Von Obering. Dr.-Ing. **W. v. Krukowski.** Mit 20 Abbildungen im Text und auf einem Textblatt. (Sonderabdruck aus der Abhandlung „Vorgänge in der Scheibe eines Induktionszählers und der Wechselstromkompensator als Hilfsmittel zu deren Erforschung".) Preis M. 10.—

Hierzu Teuerungszuschläge

Die Prüfung der Elektrizitätszähler. Meßeinrichtungen, Meßmethoden und Schaltungen. Von Dr.-Ing. **Karl Schmiedel**, Charlottenburg. Mit 97 Textfiguren. Preis M. 42.—

Wirkungsweise der Motorzähler und Meßwandler. Für Betriebsleiter von Elektrizitätswerken, Zählertechniker und Studierende. Von Direktor Dr.-Ing. **J. A. Möllinger.** Mit 87 Textfiguren.
Gebunden Preis M. 5.80

Ein neues Benutzungsstunden - Zählverfahren. Eine neue Methode zur angenäherten Bestimmung der von einem Abnehmer in Anspruch genommenen Werkskilowatt und darauf aufgebaute Tarife. Von Dr.-Ing. **Karl Laudien,** Oberlehrer der höheren Maschinenbauschule Breslau. Mit 15 Textfiguren. Preis M. 2.40

Die Geometrie der Gleichstrommaschine. Von Geh. Reg.-Rat **O. Grotian,** Professor an der Technischen Hochschule in Aachen. Mit 102 Textfiguren. Preis M. 6.—; gebunden M. 7.40

Lehrbuch der elektrischen Festigkeit der Isoliermaterialien. Von Professor Dr.-Ing. **A. Schwaiger** in Karlsruhe. Mit 94 Textabbildungen. Preis M. 9.—; gebunden M. 10.60

Die Materialprüfung der Isolierstoffe der Elektrotechnik. Herausgegeben von Oberingenieur **Walter Demuth,** Prüffeldvorstand der Gesellschaft für drahtlose Telegraphie (Telefunken) in Berlin, unter Mitarbeit von Kurt Bergk und Hermann Franz, Ingenieuren derselben Gesellschaft. Mit 76 Textabbildungen.
Preis M. 12.—

Isolationsmessungen und Fehlerbestimmungen an elektrischen Starkstromleitungen. Von **F. Ch. Raphael.** Autorisierte deutsche Bearbeitung von Dr. Richard Apt. Zweite, verbesserte Auflage. Mit 122 Textfiguren. Gebunden M. 6.—

Arnold-La Cour, Die Gleichstrommaschine. Ihre Theorie, Untersuchung, Konstruktion, Berechnung und Arbeitsweise. Dritte, vollständig umgearbeitete Auflage. Herausgegeben von **J. L. la Cour.**
Erster Band: **Theorie und Untersuchung.** Mit 570 Textfiguren. Unveränderter Neudruck. Gebunden Preis M. 120.—
Zweiter Band: **Konstruktion, Berechnung und Arbeitsweise.**
In Vorbereitung

Die Hochspannungs-Gleichstrommaschine. Eine grundlegende Theorie. Von Dr. **A. Bolliger,** Elektroingenieur in Zürich. Mit 53 Textfiguren. Preis M. 18.—

Die symbolische Methode zur Lösung von Wechselstromaufgaben. Einführung in den praktischen Gebrauch. Von **Hugo Ring,** Ingenieur der Firma Blohm & Voß, Hamburg. Mit 33 Textfiguren. Preis M. 12.—

Ankerwicklungen für Gleich- und Wechselstrommaschinen. Ein Lehrbuch von Professor **Rudolf Richter** in Karlsruhe. Mit 377 Textabbildungen. Gebunden Preis M. 78.—

Hilfsbuch für die Elektrotechnik. Unter Mitwirkung namhafter Fachgenossen bearbeitet und herausgegeben von Dr. **Karl Strecker.** Neunte, umgearbeitete Auflage. Mit 552 Textabbildungen. Gebunden Preis M. 70.—

Die wissenschaftlichen Grundlagen der Elektrotechnik. Von Professor Dr. **Gustav Benischke.** Fünfte, vermehrte Auflage. Mit 602 Abbildungen im Text. Preis M. 66.—; gebunden M. 76.—

Kurzes Lehrbuch der Elektrotechnik. Von Dr. **Adolf Thomälen,** a. o. Professor an der Technischen Hochschule Karlsruhe Achte, verbesserte Auflage. Mit 499 Textbildern. Gebunden Preis M. 30.—

Elektrische Starkstromanlagen, Maschinen, Apparate, Schaltungen, Betrieb. Kurzgefaßtes Hilfsbuch für Ingenieure und Techniker sowie zum Gebrauch an technischen Lehranstalten. Von Dipl.-Ing. **Emil Kosack,** Studienrat an den Staatl. Vereinigten Maschinenbauschulen zu Magdeburg. Fünfte, durchgesehene Auflage. Mit 294 Textfiguren. Gebunden Preis M. 32.—

Kurzer Leitfaden der Elektrotechnik für Unterricht und Praxis in allgemeinverständlicher Darstellung. Von **Rudolf Krause,** Ingenieur. Vierte, verbesserte Auflage. Mit 375 Textfiguren. Herausgegeben von Professor **H. Vieweger.** Gebunden Preis M. 20.—

Aufgaben und Lösungen aus der Gleich- und Wechselstromtechnik. Ein Übungsbuch für den Unterricht an technischen Hoch- und Fachschulen sowie zum Selbststudium. Von Prof. **H. Vieweger.** Fünfte, verbesserte Auflage. Unveränderter Neudruck. Mit 210 Textfiguren und 2 Tafeln. Gebunden Preis M. 24.—

Hierzu Teuerungszuschläge

Wechselstromtechnik. Von Dr. **G. Roeßler,** Professor an der Technischen Hochschule in Danzig. (Z w e i t e Auflage von „Elektromotoren für Wechselstrom und Drehstrom".) I. Teil. Mit 185 Textfiguren.
Gebunden Preis M. 9.—

Die Fernleitung von Wechselströmen. Von Dr. **G. Roeßler,** Professor an der Technischen Hochschule in Danzig. Mit 60 Textfiguren.
Gebunden Preis M. 7.—

Die Berechnung von Gleich- und Wechselstromsystemen. Neue Gesetze über ihre Leistungsaufnahme. Von Dr.-Ing. **Fr. Natalis.** Mit 19 Textfiguren.　　　　　　　　　　　　　　　　Preis M. 6.—

Die elektrische Kraftübertragung. Von Oberingenieur Dipl.-Ing. **Herbert Kyser.** In drei Bänden.
E r s t e r B a n d: **Die Motoren, Umformer und Transformatoren.** Ihre Arbeitsweise, Schaltung, Anwendung und Ausführung. Z w e i t e, umgearbeitete und erweiterte Auflage. Mit 305 Textfiguren und 6 Tafeln.　　　　　　　　　Gebunden Preis M. 50.—
Z w e i t e r B a n d: **Die Niederspannungs- und Hochspannungsleitungsanlagen.** Ihre Projektierung, Berechnung, elektrische und mechanische Ausführung und Untersuchung. Z w e i t e, umgearbeitete und erweiterte Auflage. Mit 319 Textfiguren und 44 Tabellen.
Gebunden Preis M. 90.—
D r i t t e r B a n d: **Die Generatoren, Schaltanlagen und Hilfseinrichtungen des Kraftwerkes.**　　　　　　　In Vorbereitung

Die Maschinenlehre der elektrischen Zugförderung. Eine Einführung für Studierende und Ingenieure. Von Professor Dr. **W. Kummer.**
E r s t e r B a n d: **Die Ausrüstung der elektrischen Fahrzeuge.** Mit 108 Textabbildungen.　　　　　　　Gebunden Preis M. 6.80
Z w e i t e r B a n d: **Die Energieverteilung für elektrische Bahnen.** Mit 62 Textabbildungen.　　　　　Gebunden Preis M. 22.—

Die asynchronen Wechselfeldmotoren. Kommutator- und Induktionsmotoren. Von Professor Dr. **Gustav Benischke.** Mit 89 Abbildungen im Text.　　　　　　　　　　　　　　　　Preis M. 16.—

Zur Vereinheitlichung von Installationsmaterial für elektrische Anlagen. Erster Teil: **Haus- und Wohnungsanschlüsse.** Von Oberingenieur **W. Klement** in Siemensstadt und Oberingenieur **Cl. Paulus** in München. Mit 450 Textfiguren.
Preis M. 8.—; gebunden M. 10.—

Die Nebenstellentechnik. Von **Hans B. Willers,** Oberingenieur und Prokurist der Akt.-Ges. Mix & Genest, Berlin-Schöneberg. Mit 137 Textabbildungen.　　　　　　　　Gebunden Preis M. 26.—

Hierzu Teuerungszuschläge